国防科技图书出版基金

"十三五"国家重点出版物出版规划项目

可靠性新技术丛书

确信可靠性理论与方法

Belief Reliability Theory and Methodology

康 锐 等著

国防工业出版社

·北京·

图书在版编目(CIP)数据

确信可靠性理论与方法/康锐等著．—北京:国防工业
出版社,2020.3(2024.7重印)
(可靠性新技术丛书)
ISBN 978-7-118-12057-8

Ⅰ.①确…　Ⅱ.①康…　Ⅲ.①系统可靠性–评估方
法–研究　Ⅳ.①N945.17

中国版本图书馆 CIP 数据核字(2020)第 030254 号

※

*国防工业出版社*出版发行
(北京市海淀区紫竹院南路23号　邮政编码100048)
北京虎彩文化传播有限公司印刷
新华书店经售
*
开本 710×1000　1/16　插页 3　印张 11½　字数 186 千字
2024 年 7 月第 1 版第 5 次印刷　印数 4501—5000 册　定价 80.00 元

(本书如有印装错误,我社负责调换)

国防书店:(010)88540777　　书店传真:(010)88540776
发行业务:(010)88540717　　发行传真:(010)88540762

致 读 者

本书由中央军委装备发展部**国防科技图书出版基金**资助出版。

为了促进国防科技和武器装备发展，加强社会主义物质文明和精神文明建设，培养优秀科技人才，确保国防科技优秀图书的出版，原国防科工委于1988年初决定每年拨出专款，设立国防科技图书出版基金，成立评审委员会，扶持、审定出版国防科技优秀图书。这是一项具有深远意义的创举。

国防科技图书出版基金资助的对象是：

1. 在国防科学技术领域中，学术水平高，内容有创见，在学科上居领先地位的基础科学理论图书；在工程技术理论方面有突破的应用科学专著。

2. 学术思想新颖，内容具体、实用，对国防科技和武器装备发展具有较大推动作用的专著；密切结合国防现代化和武器装备现代化需要的高新技术内容的专著。

3. 有重要发展前景和有重大开拓使用价值，密切结合国防现代化和武器装备现代化需要的新工艺、新材料内容的专著。

4. 填补目前我国科技领域空白并具有军事应用前景的薄弱学科和边缘学科的科技图书。

国防科技图书出版基金评审委员会在中央军委装备发展部的领导下开展工作，负责掌握出版基金的使用方向，评审受理的图书选题，决定资助的图书选题和资助金额，以及决定中断或取消资助等。经评审给予资助的图书，由中央军委装备发展部国防工业出版社出版发行。

国防科技和武器装备发展已经取得了举世瞩目的成就，国防科技图书承担着记载和弘扬这些成就，积累和传播科技知识的使命。开展好评审工作，使有限的基金发挥出巨大的效能，需要不断摸索、认真总结和及时改进，更需要国防科技和武器装备建设战线广大科技工作者、专家、教授，以及社会各界朋友的热情支持。

让我们携起手来，为祖国昌盛、科技腾飞、出版繁荣而共同奋斗！

国防科技图书出版基金

评审委员会

可靠性新技术丛书
编审委员会

丛书序

可靠性理论与技术发源于 20 世纪 50 年代,在西方工业化先进国家得到了学术界、工业界广泛持续的关注,在理论、技术和实践上均取得了显著的成就。20 世纪 60 年代,我国开始在学术界和电子、航天等工业领域关注可靠性理论研究和技术应用,但是由于众所周知的原因,这一时期进展并不顺利。直到 20 世纪 80 年代,国内才开始系统化地研究和应用可靠性理论与技术,但在发展初期,主要以引进吸收国外的成熟理论与技术进行转化应用为主,原创性的研究成果不多,这一局面直到 20 世纪 90 年代才开始逐渐转变。1995 年以来,在航空航天及国防工业领域开始设立可靠性技术的国家级专项研究计划,标志着国内可靠性理论与技术研究的起步;2005 年,以国家 863 计划为代表,开始在非军工领域设立可靠性技术专项研究计划;2010 年以来,在国家自然科学基金的资助项目中,各领域的可靠性基础研究项目数量也大幅增加。同时,进入 21 世纪以来,在国内若干单位先后建立了国家级、省部级的可靠性技术重点实验室。上述工作全方位地推动了国内可靠性理论与技术研究工作。当然,随着中国制造业的快速发展,特别是《中国制造 2025》的颁布,中国正从制造大国向制造强国的目标迈进,在这一进程中,中国工业界对可靠性理论与技术的迫切需求也越来越强烈。工业界的需求与学术界的研究相互促进,使得国内可靠性理论与技术自主成果层出不穷,极大地丰富和充实了已有的可靠性理论与技术体系。

在上述背景下,我们组织撰写了这套可靠性新技术丛书,以集中展示近 5 年国内可靠性技术领域最新的原创性研究和应用成果。在组织撰写丛书过程中,坚持了以下几个原则:

一是**坚持原创**。丛书选题的征集,要求每一本图书反映的成果都要依托国家级科研项目或重大工程实践,确保图书内容反映理论、技术和应用创新成果,力求做到每一本图书达到专著或编著水平。

二是**体系科学**。丛书框架的设计,按照可靠性系统工程管理、可靠性设计与试验、故障诊断预测与维修决策、可靠性物理与失效分析 4 个板块组织丛书的选题,基本上反映了可靠性技术作为一门新兴交叉学科的主要内容,也能在一定时期内保证本套丛书的开放性。

三是**保证权威**。丛书作者的遴选,汇聚了一支由国内可靠性技术领域长江学者特聘教授、千人计划专家、国家杰出青年基金获得者、973项目首席科学家、国家级奖获得者、大型企业质量总师、首席可靠性专家等领衔的高水平作者队伍,这些高层次专家的加盟奠定了丛书的权威性地位。

　　四是**覆盖全面**。丛书选题内容不仅覆盖了航空航天、国防军工行业,还涉及了轨道交通、装备制造、通信网络等非军工行业。

　　这套丛书成功入选"十三五"国家重点出版物出版规划项目,主要著作同时获得国家科学技术学术著作出版基金、国防科技图书出版基金以及其他专项基金等的资助。为了保证这套丛书的出版质量,国防工业出版社专门成立了由总编辑挂帅的丛书出版工作领导小组和由可靠性领域权威专家组成的丛书编审委员会,从选题征集、大纲审定、初稿协调、终稿审查等若干环节设置评审点,依托领域专家逐一对入选丛书的创新性、实用性、协调性进行审查把关。

　　我们相信,本套丛书的出版将推动我国可靠性理论与技术的学术研究跃上一个新台阶,引领我国工业界可靠性技术应用的新方向,并最终为"中国制造2025"目标的实现做出积极的贡献。

康锐

2018年5月20日

前言

自现代可靠性理论诞生之日起,人们便使用概率论作为支撑可靠性理论与实践研究的理论基础。在概率论这一数学理论的指导下,人们发展出了可靠性统计方法、可靠性物理方法、可靠性逻辑方法和可靠性设计方法等可靠性科学方法论,并取得了卓越的成就。然而,随着科学技术的发展和大量创新产品的涌现,基于概率论的可靠性测度所需的条件越来越难以满足,这就意味着基于概率论的可靠性理论时常处于理想范型和现实境遇的矛盾之中,以致在许多工程实践问题面前束手无策。

本书的基本观点是:概率作为产品可靠性的一种度量,有其不完善、不适用的情况,为了系统解决这一问题,我们引进了不确定理论,并基于不确定理论中给出的不确定测度及其与概率测度混合的机会测度,重新构建了可靠性测度,将之命名为确信可靠度。在确信可靠性的度量框架中,我们把概率可靠性测度作为一种特例,并诉诸一种理想范型,即只有在产品故障时间样本数据满足大数定律的前提下才能放心使用的一种可靠性测度;而一旦工程实践难以满足这一理想状态,就必须诉诸本书中给出的各种解决方案。

之所以产生这样的观点,是源于我30多年来参与各类可靠性工程实践活动的观察和思考。在回顾和总结可靠性科学发展史的过程中,我发现国内外大量学者已经意识到概率作为产品可靠性度量方法的局限性,并从20世纪60年代就开始投入了持续研究。我关注这些研究成果的初衷完全是从实际出发,意图找到一种更科学的理论方法转化到工程实践中,以便在概率不能很好地对可靠性进行度量时给出一种解决方案。为此,我先后研习了模糊可靠性、贝叶斯可靠性、证据可靠性、区间可靠性等各种试图解决这一问题的理论方法,发现这些理论方法虽然在工程实践中有一些应用,但总是存在这样那样的问题,无法系统全面地引入到可靠性工程实践中。直到2012年3月,我邀请清华大学数学系刘宝碇教授来我校介绍他创立的一种与概率论并行的公理化数学理论——不确定理论,我才突然意识到不确定理论是解决这一问题的一个新途径。从此,我带领团队开始致力于这个方向的理论研究,本书是这些研究成果的初步总结。

本书第1章是认识和理解确信可靠性理论背景和意义的关键,本章分析了可靠性作为一门科学的哲学依据,总结了可靠性科学方法论,分析了这些方法论存在的各种问题,介绍了前人为解决这些问题进行研究的成果,指出了这些成果在工程实践中存在的缺陷,从建立可靠性度量的合法性准则和可靠性度量的确定性和不确定性综合表征两个方面提出了如何构建全新的可靠性科学理论话语。第2章至第7章是对确信可靠性理论方法的具体阐述:第2章简要介绍了本书的理论基础——不确定理论;第3章建立了确信可靠性的度量框架;第4章、第5章按单元和系统两个层面介绍了确信可靠性建模与分析方法;第6章介绍了确信可靠性优化设计方法;第7章介绍了确信可靠性理论在加速退化试验中的应用。第8章对全书内容进行了总结。

全书由康锐构思、统稿。本书第1章、第8章由康锐撰写;第2章由文美林、张清源撰写;第3章由张清源、祖天培撰写;第4章由张清源、曾志国、祖天培撰写;第5章由曾志国、张清源撰写;第6章由文美林、李姝昱撰写;第7章由李晓阳、吴纪鹏撰写。

本书在撰写过程中,得到了清华大学数学系刘宝碇教授的鼎力支持。从2013年第一篇确信可靠性理论论文的发表到本书的撰写,刘老师一直给予我们悉心的指导,并且在百忙中对本书初稿进行了审阅,提出了中肯的修改意见,在此向刘老师表示衷心的感谢和敬意。特别要感谢清华大学马克思主义理论博士后、南京特殊教育师范学院青年教师张九童博士,他在哲学层面对可靠性科学的认识和分析使我收获甚多。中国工程物理研究院研究生院院长、中国科学院院士孙昌璞老师从量子力学角度对本书的撰写给予了指点和帮助,中国工程物理研究院四所邱勇、魏发远两位专家对确信可靠性理论的应用转化提供了大力支持,在此一并表示感谢。另外,还要感谢意大利米兰理工大学 Enrico Zio 教授在确信可靠性研究过程中对相关学术论文写作与发表给予的热情指导和帮助。

作为作者团队近年来的最新研究成果,本书的设定是构建一种全新的可靠性理论,可以想见,这样的探索和实践一定会存在诸多不足。我们非常欢迎广大读者对确信可靠性理论提出各种意见、建议和质疑,更希望可靠性领域的专家、学者,特别是致力于研究解决可靠性实际问题的工程技术人员参与到确信可靠性理论的研究和应用中来,使这一门新的可靠性理论迅速成熟起来。

康锐

于北京航空航天大学为民楼

2019 年 4 月 29 日

目录

Contents

第1章

绪　　论

可靠性一般被定义为产品在规定时间内和规定条件下完成规定功能的能力[1,2]。如何对这种能力进行度量、分析与设计是可靠性理论与实践的基本问题。本章以可靠性科学的哲学依据为出发点，简要总结回顾了可靠性科学方法论的形成过程，在辩证分析可靠性科学已有解决方案和面临挑战的基础上，尝试提出了当前可靠性科学新的理论话语，阐述了确信可靠性理论与方法诞生的背景及基本内容。

1.1　可靠性科学的哲学依据

可靠性科学是一门面向故障世界、研究和化解故障以实现系统最优化的技术科学，是在与故障作斗争的实践过程中生成和发展起来的。故障表征着一种不能完成规定功能的状态，本质上是指产品无法满足人的实践活动的需要，不能实现人的实践目标和达成实践活动的结果，因而故障本身具有属人性，它总是相对于人的实践活动的目的和需要而言的，没有"人"这一主体的认知和体验，就无所谓"故障"这一客体的状态和表现[3]。

人的实践活动为什么会产生故障？人为什么会有对可靠性的价值诉求？原因固然很多，但最根本原因在于人的实践活动的确定性与不确定性。人的实践活动的确定性与不确定性，必须诉诸主体和客体的双重视角予以把握[3]。

人的实践活动之所以具有确定性，从客体角度看，客观世界有其可供把握的、确定的客观规律，这为人的实践提供了可供把握和运用的确定性物质前提；从主体角度看，人的思维的至上性是使人的确定性得以实现的保障。相比于动物的盲目性，人的能动的意识是人实现实践活动确定性的基本前提。人的思维的至上性又总能促使人探索客观世界的规律，并且在一定社会历史条件下把握和运用规律，提出适合的实践目的和途径，保障特定实践活动的确定性。人的

1

实践活动之所以具有不确定性,从客体角度看,现代社会是一个风险丛生的世界,人类对现代性的追逐加剧了自然和社会的流动性、易变性和风险性,各式各样的风险和故障充斥于现代社会,使客观世界呈现出不确定的时代样态。从主体角度看,人的思维又具有非至上性,人始终无法穷尽客观世界的真理,对客观世界内在规律的认识始终具有有限性,这就制约了人对实践目标、实践过程、实践方法的科学设定,从而导致实践效果和实践目的之间生成系统性偏差,导致了实践活动的不确定性。

由于存在确定性和不确定性的矛盾,所以迫切需要可靠性理论和实践予以纠偏、调控和系统性修复,从而化解人的实践不确定性和优化人的实践确定性。从哲学层面看,一方面,人是非自足性的存在物,即人总是存在各式各样的局限而非全知全能,主体实践活动的不确定性是永恒的,主体实践的确定性是暂时的;另一方面,人又是能动的实践存在物,这意味着人的实践理想总是面向未来敞开的,这种实践理想总是驱使人去追求主体实践的确定性和不断规避实践的不确定性。这也是可靠性科学生成和发展的深层动力。可靠性科学始终在实现特定历史条件下的实践确定性(人的实践目的与实践结果的契合、产品功能的正常运转、系统效能的最优化等),且在对主体自身不确定性的克服与客观世界不确定性的抗争中追求更高的实践确定性。这构成了可靠性科学产生与发展的哲学依据。在特定历史条件下,由于能够实现对实践确定性的把握,因而对不确定性的量化暨对可靠性的度量、分析成为可能,这也使得可靠性科学必然可以指导各类实践。

基于对可靠性科学哲学依据的认识,我们才能从更深层面和更广视野审视工程界对不确定性的分类。一般认为,不确定性可以分为两类[4]:随机不确定性(Aleatory uncertainty)和认知不确定性(Epistemic uncertainty)。随机不确定性中的 aleatory 一词来自于拉丁文 *alea*,直意为“掷骰子”。随机不确定性的实质就是客体世界内在的不确定性。这种随机不确定性可以用概率很好地描述[5]。认知不确定性中的 epistemic 来源于希腊语 $\epsilon\pi\iota\sigma\tau\eta\mu\eta$ (episteme),直意为“知识”,因此认知不确定性是指在一定社会历史条件下,由于人的认知能力的有限性而产生对客观规律认识的局限而造成的实践不确定性,其根源在于主体认识的非至上性。由于认知不确定性是由认知能力局限和知识、信息的不足而导致的,因此我们可以通过开展科学实践,提升认知能力和加深对客观世界规律性的认识,逐渐减少认知不确定性而不断追求认知的确定性。

1.2　可靠性科学的起源

1.2.1　概率论的公理系统、乘积定理与大数定律

概率论是用来描述不确定性的一种最常用的数学理论,它的研究历史非常悠久。人们普遍认为,概率论的研究起源于 17 世纪,当时,Pascal 和 Fermat 成功地得出了某些赌博问题的确切概率。1933 年,苏联数学家 Kolmogorov 第一次将概率论纳入了公理化的数学系统。从那时起,概率论取得了长足的发展,并被广泛应用于科学研究和工程实践中。因此,20 世纪初可靠性概念诞生之初,人们自然使用概率来度量可靠性。

概率论的理论基础由三个公理和一个乘积定理构成,基于这三个公理和乘积定理,可以推导出整个概率论和数理统计的理论系统[6]:

公理 1.1(规范性公理)　对于全集 Ω,$\Pr\{\Omega\}=1$;

公理 1.2(非负性公理)　对于任意事件 A,有 $\Pr\{A\}\geqslant 0$;

公理 1.3(可加性公理)　对于互不相容的可数事件序列 $\{A_i\}$,有 $\Pr\{\bigcup_{i=1}^{\infty}A_i\}$ $=\sum_{i=1}^{\infty}\Pr\{A_i\}$;

乘积定理　对于任意概率空间 $(\Omega_i,\mathcal{A}_i,\Pr_i)(i=1,2,\cdots)$,有

$$\Pr\Big\{\prod_{i=1}^{\infty}A_i\Big\}=\prod_{i=1}^{\infty}\Pr\{A_i\}$$

其中:A_i 是 $\mathcal{A}_i$ 中的任意事件$(i=1,2,\cdots)$。

概率论中另一个重要的概念是大数定律。1713 年,Bernoulli 首先提出并证明了特例情况下最原始的大数定律(Bernoulli 将其命名为概率极限定理,后来被称为 Bernoulli 大数定律)。后来,Chebyshev 提出了一种更为一般的弱大数定律。直到现代概率论的建立,Kolmogorov 才证明了强大数定律。

Bernoulli 大数定律　设 μ 是 n 次独立试验中事件 A 发生的次数,且事件 A 在每次试验中发生的概率为 p,则对任意正数 ε,有

$$\lim_{n\to\infty}\Pr\Big\{\Big|\frac{\mu}{n}-p\Big|<\varepsilon\Big\}=1$$

虽然 Bernoulli 大数定律只是强大数定律的一个特例,但它的观点非常重要,即只有当独立事件的试验样本接近无穷大时,频率才接近概率。需要指出的是,当我们用频率来接近概率时,大数定律是一个必须满足的前提。但是非常遗憾的是,在可靠性科学的构建过程中,这个最根本的前提被有意或无意地

3

忽略了。

1.2.2　可靠性科学的里程碑

可靠性理论的发展历史可以追溯到 20 世纪初期,但不应早于现代概率论的创立。1939 年,《适航性统计学注释》一书中首次提出飞机单位小时内故障次数的上限值,标志着用量化指标来对产品故障数据进行统计分析的开始。第二次世界大战时期,德国的著名火箭专家 Robert Lusser 在研制 V2 系列火箭过程中,为了评估火箭诱导装置的成功概率,考虑了火箭每个部分的成功概率对整个火箭成功概率的影响,根据自己长年的研制经验,提出了第一个用来预测系统成功概率的模型,也就是著名的 Lusser 定律[7]:系统成功的概率等于系统各部件成功概率的乘积,用公式表示为

$$P_S = \prod_{i=1}^{n} P_i \quad (i = 1,2,\cdots,n)$$

式中:P_S 是系统的成功概率;P_i 是系统各组成部件的成功概率,它是通过收集大量的故障数据统计计算得到的。这两个概率逐渐演化为系统和部件可靠度的概念。这是人们将概率论与数理统计方法用于可靠性度量和分析的最初尝试。

20 世纪 50 年代是可靠性理论与实践兴起的年代。美国军方为提高军用电子产品的可靠性水平开展了一系列工作,标志着现代可靠性工程的诞生[8],可靠性科学理论也初具雏形。美军对于可靠性的探索起源于一系列惨痛的事实。据统计,第二次世界大战中,美国空军、海军的参战装备中一半以上丧失作战能力是因为其自身的故障[8],其中从美国本土运至远东地区的设备,大约有 60% 在抵达时就已经发生了故障,50% 的备件在贮存过程中发生了故障;而在朝鲜战争中,美军装备年度维护费用已经达到了购置费用的两倍以上[9]。在这些故障中,真空电子管的故障次数最多,大约是其他部件的五倍[10]。这些严峻的问题促使美军于 1952 年成立了"军用电子设备可靠性咨询组"(Advisory Group on Reliability of Electronic Equipment,AGREE),专门负责研究提高武器装备可靠性应采取的措施,以及制定可靠性研究与发展计划。1957 年,AGREE 发布了题为"军用电子设备可靠性"的研究报告,提出了电子设备可靠性设计、分析、试验、评价的方法与程序,以及关于提高武器装备可靠性的措施和建议[11]。

AGREE 报告的理论成果:

(1) 正式给出了可靠度的定义,即可靠度为系统在规定条件下、规定时间内完成规定功能的概率,给出了可靠度的数学表达,即 $R(t) = \Pr\{T>t\}$,其中 T 表示故障时间;

(2) 建立了可靠性度量指标体系,如平均故障间隔时间(MTBF)、故障率、

4

可靠寿命等,提出了要进行可靠性指标分配的要求;

(3) 提出了进行电子元器件可靠性预计的要求;

(4) 给出了可靠性鉴定试验和可靠性验收试验方法。

AGREE 报告的实践成果:

(1) 提出了采取设计措施(例如减振、散热等),降低冲击、振动、温度等工作载荷与环境载荷对产品造成的应力;

(2) 对于关键的元器件提出冗余设计要求;

(3) 提出采取切实保障措施保证所选用(采购)电子元器件的可靠性水平;

(4) 提出了加强故障信息反馈,改进产品设计,实现可靠性增长的管理要求。

AGREE 报告的研究成果构成了"确定指标—指标预计—试验验证—故障分析—设计改进"的可靠性工程应用模式的基础,其中建立的一系列可靠性术语、定义和方法成为可靠性科学的理论源头[12]。例如,1961 年,美国军方发布了基于协变量模型的可靠性预计标准 MIL-HDBK-217;协变量模型在使用中存在的问题则直接导致可靠性物理方法的兴起等。再如,可靠性鉴定和验收试验时间过长、费用过高引出了加速试验的需求,1961 年,贝尔实验室从动力学理论出发,基于阿伦尼乌斯方程的物理意义,建立了加速试验理论[13]。另外,对关键器件采用余度设计,需要对器件构成的系统进行可靠度或故障率的计算,从而产生了可靠性框图模型和故障树模型等逻辑分析方法。可以说 AGREE 报告的诞生是可靠性工程和可靠性科学发展中的里程碑事件[14],它标志着可靠性成为一门新的工程学科,也奠定了概率论在可靠性科学中的核心地位。

1.3　可靠性科学方法论

为了总结回顾可靠性科学诞生以来的理论成果,本书尝试从以下几个方面对可靠性科学方法论进行总结:可靠性统计方法、可靠性物理方法、可靠性逻辑方法、可靠性设计方法。

1.3.1　可靠性统计方法

可靠性统计方法可以划分为三个发展阶段。

第一个阶段是概率论与数理统计方法的工程应用。这一阶段的主要特征是故障数据的统计分析,即通过收集产品的故障数据,按组成产品的各单元发生故障的频数高低判明一个产品中的薄弱环节,进行改进以减少故障的发生,从而提高可靠性。这一阶段的可靠性理论基础是概率论与数理统计方法,实践

5

中强调的是故障数据收集、分析和反馈的及时性与有效性。在全球工业化发展的初期,可靠性统计方法取得巨大的成功,因为工业化的一个重要特征就是工业品的批量化生产,批量化的产品产生了大量的产品故障数据,此时只要运用有效的管理手段将这些故障发生的时间数据完整地收集起来,剩下的就是统计学家的工作了。统计学家运用可靠性统计方法可以迅速判明一个系统中哪一个产品可靠度最差,而提高其可靠度的工作则留给了产品设计工程师。

第二个阶段是构建可靠性学科的理论话语。这一阶段的主要特征是以可靠度的概率定义为基础,建立了可靠性度量与分析的指标体系,构建了可靠性作为一门独立学科所必要的理论话语,赋予了可靠性不同于故障数据统计分析的新的理论内涵。故障率、平均故障间隔时间、可靠寿命等可靠性学科专有术语进入工程实践,使得可靠性不再是故障修复、数据统计等工作的代名词。AGREE 报告是构建可靠性理论话语最完整的历史文献。

第三个阶段是构建可靠性学科的自洽性。随着工业化、市场化的发展,企业和用户均难以接受产品在使用中出现大量故障,因此需要在产品交付市场前做一些有效的工作。可靠性统计方法给出的解决方案是统计试验,比如工程中常用的可靠性鉴定试验和验收试验。通过运用统计学方法设计可靠性试验方案、开展试验并进行数据的统计分析,就可以验证产品是否符合预定的可靠性指标。这种方法的优点是通过模拟产品的使用环境和条件,在交付用户实际使用前判断产品是否属于可靠性合格品。Epstein 在 1953 年至 1954 年提出的通过试验数据预计可靠性指标的方法可能是最早的可靠性统计试验方法[15,16]。可靠性统计试验是概率论和数理统计方法与工程实践相结合的产物,它使可靠性学科进入了"有指标、可验证"的自洽性逻辑循环,极大地丰富了可靠性学科的理论话语和实践话语。

在可靠性统计方法指导下,可靠性工程实践取得了长足的进步和发展,但可靠性统计方法仍存在三个方面的弱点:一是可靠性统计方法只能给出产品可靠性的评估结果,不能明确指明产品可靠性的改进方向。可靠性统计方法无论是基于产品的实际使用数据还是基于统计试验数据,都无法给出减少产品故障、提高其可靠性的直接信息。它不关注产品内部是如何工作的或如何故障的,只关注产品的故障时间数据,因此可靠性统计方法能给出的仅仅是产品可靠性水平高低的结论。如果在实践中要进一步提高产品可靠性水平,必须辅以有效的故障分析,找到引起故障的根本原因,再从设计、制造、使用和维护方面采取有针对性的改进措施。这一过程依赖于产品设计、制造和使用维护过程中的经验积累,而与可靠性统计方法的关联性不大。二是可靠性数学方法必须等到产品经过试验或使用得到故障数据后,才能给出可靠性评估结果,这不能满足在产品研发早期给出可靠性分析评估结果的实践需求。三是在相当多的情况下,故障数据难以满足概率论中的大数定律的约束,使得可靠性统计方法给出的评估结果难以自圆其说。这三个方面的弱点一直困扰着可靠性统计方法的发展。

1.3.2 可靠性物理方法

20 世纪 50 年代开始,电子管、二极管等新型电子元器件诞生并广泛应用。电子元器件故障频发,在产品设计阶段需要认知故障的根本原因以预防故障的发生,因而仅仅依靠可靠性统计方法已不能满足这种要求。在这种现实的挑战下,可靠性物理方法应运而生。

可靠性物理方法的发展可以划分为两个阶段。

第一个阶段是协变量模型的诞生和运用。协变量模型试图以一种显式的函数关系将可靠性指标(如故障率)与其相关的产品内、外在特性参数建立起关联关系(这些参数称为协变量)。例如,对电子元器件来说,协变量可能是电压、电流、温度、湿度或描述应力及环境的其他参数,通过对这些协变量和故障率指标之间的关系开展物理或统计分析,就能建立故障率与这些参数存在的函数关系。协变量模型的建立过程一般先假设它们之间的关系是一种简单的函数形式(如线性关系、幂律关系等),再经过一定的试验或使用数据的统计分析获取模型中的相关系数,从而建立起可靠性指标与协变量之间的定量关系。虽然协变量模型只能表明可靠性指标与协变量之间具有统计相关性而不一定具有因果性,且其可靠性预计结果的准确性不断受到质疑,但这丝毫不影响协变量模型的重要历史地位,它标志着可靠性学科开始向物理学这一科学基石迈进。1956 年,美国可靠性分析中心发布了第一部基于协变量模型的可靠性预计手册[17],并成为美军标 MIL-HDBK-217 的前身,之后这一方法论的改进和使用一直持续至今。

第二个阶段是故障物理(Physics of Failure,PoF)模型的诞生和运用。故障物理模型是在对引起故障发生的物理、化学过程进行深入研究的基础上,建立的描述故障时间或性能参数与引起故障的要素之间定量关系的确定性模型。1962 年 9 月,美国 Rome Air Development Center(现为 Air Force Research Laboratory)在芝加哥组织召开了第一届故障物理研讨会,揭开了故障物理模型研究和应用的序幕[18]。20 世纪 90 年代以来,故障物理模型的研究取得了长足进展[19],在工程实践中得到了越来越广泛的应用[20]。例如,Alexanian 利用基于阿伦尼乌斯模型建立的集成电路故障物理模型,结合计算机模拟技术,对集成电路的可靠度及寿命开展了预测[21];Kawakubo 等人基于磨损寿命模型,开展了接触式硬盘磁头的可靠度及寿命评估[22];Chen 等人基于故障模式、原因、机理分析,在线性累积损伤假设下计算电路板中各器件寿命,通过开展多次仿真得到电路板的寿命分布,从而实现可靠性分析和设计[23];Chookah 等人利用故障物理模型,研究了同时受到点蚀和腐蚀疲劳两个故障机理耦合作用时的可靠性分析方法[24];Chen 等人总结了五类故障机理的相关关系,即竞争、触发、加速、抑制及损伤累积,并基于此推导了不同相关关系下故障时间的计算公式,构建了考虑故障机理相关性的可靠性分析方法[25]。美国马里兰大学 Michael Pecht 教授领导的 CALCE(Center for Advanced Life Cycle Engineering)长期致力于故障物理模型的研究和应用,他们开发的可靠性分析软件工具被广泛应用于电子学产品的可靠性工程实践中[26]。

故障物理模型一般分为两类,一类是性能退化模型(可称之为 P 模型),即描述产品性能与时间和引起退化的各要素之间关系的数学方程,模型指明了性能退化的因果关系,因此改变模型中的参数即可改变性能退化的轨迹,给定性能阈值即可获得产品故障时间;另一类是故障时间模型(可称之为 T 模型),即产品故障时间与引起故障的各要素之间关系的数学方程,模型指明了产品故障时间的因果关系,改变模型的参数即可改变产品的故障时间。值得指出的是:因为故障物理模型是确定性方程,改变模型中的参数即对应着产品的设计、工艺和使用条件的变化,因此基于故障物理模型可以直接判断产品故障时间是否满足要求,很多情况下故障时间直接与产品寿命相关。

基于故障物理模型分析计算产品的故障时间一般要遵循以下几个步骤:一是开展全面充分的故障机理分析,获得产品故障所有可能的机理;二是选择或研究每一个故障机理对应的故障物理模型;三是按照故障机理之间的相互影响关系计算整个产品的故障时间(最简单的处理即假设各个机理之间是独立的,则利用故障物理模型计算出的最短时间就是整个产品的故障时间)。

从以上这几个步骤可以看出,虽然每一个故障物理模型都是确定性的,但是分析计算整个产品的故障时间时却存在着不确定性,这是因为故障物理模型中的各参数实际上都具有分散性特征,因此即使假设产品中各个故障机理是相互独立的,在利用故障物理模型计算整个产品的故障时间时也必须考虑其不确定性。

需要指出的是,可靠性物理方法这一名词虽然诞生于电子学领域,但是其基本的理念和做法在其他学科领域同样是适用的,甚至在机械学、电气工程学领域,类似的故障物理模型的探索还要早于电子学。

可靠性物理方法并不需要统计大量的故障数据,而是更加关注于产品故障的物理化学过程与产品设计、制造和使用特性之间的关系,保证了产品可靠性设计的细粒度,在工程实践中可以对影响产品可靠性的原因一目了然。可靠性统计方法把故障视为随机事件,利用概率论和数理统计方法建立统计模型给出产品可靠性的度量、分析与评估;而可靠性物理方法将故障视为确定事件,用物理、化学方程建立故障模型给出产品可靠性的度量、分析与评估。二者给出的结果形式虽然类似,但是导出方法论的世界观完全不同。可靠性物理方法的出现是可靠性科学发展史上的重要转折,它构建了可靠性学科的物理学基础,标志着可靠性科学由应用技术(统计方法)转向了自然科学(物理学)。

可靠性统计方法和可靠性物理方法在实践中各有其适用的范围,并行不悖,这一现实也表明可靠性科学要面对的故障世界是一个确定性和不确定性相混合的矛盾统一体。

可靠性物理方法在实践中也存在着两个方面的困难:一是模型的精度。无论是协变量模型还是故障物理模型,模型的精度问题始终困扰着可靠性物理方法的应用实践。二是故障机理的耦合机制。故障机理的独立假设在产品功能、结构复杂的情况下,难以满足应用实践的需求,而分析各种机理之间的耦合关系,又是一个十分艰巨的任务。正是由于以上两个方面的原因,人们在建立故障物理模型过程中存在着大量的认知不确定性问题,目前对这一问题还未有较好的解决办法。

1.3.3 可靠性逻辑方法

如果把产品划分为单元和系统两个层次,则前述的可靠性统计方法和可靠性物理方法更多关注的是单元层次,即如何获取单元可靠度或故障率。从单元到系统,如何分析整个产品的可靠性,则是可靠性科学方法论中的另一个重要组成,我们在本书中用可靠性逻辑方法泛指。

可靠性逻辑方法可以划分为功能逻辑方法和故障逻辑方法两大类。功能逻辑方法是一类以单元正常、系统成功为导向的逻辑分析方法,最基础、最常用的功能逻辑方法是可靠性框图(Reliability Block Diagram,RBD)建模方法[12]。可靠性框图模型描述从单元功能正常到系统功能成功之间的逻辑关系,发展出了串联结构、并联结构、旁联结构、k/n 结构和网络结构等若干种典型的基础模型,并基于这些结构的逻辑关系给出系统的可靠度与其构成单元可靠度之间的定量关系。成功流(Goal Oriented,GO)法是另一种以系统成功为导向的功能逻辑方法[27,28]。其与可靠性框图方法的区别是 GO 法中单元可以是多状态的,且单元与单元之间是有时序关系的,系统的成功取决于每个单元正常和单元之间的时序正常。按照这种功能逻辑方法,只要知道单元的可靠度并且保证单元之间的时序逻辑建立是可信的,则可以计算得到系统的可靠度(成功概率)。GO法常用于核电、化工等时序性要求高的行业。

故障逻辑方法是一类以单元故障、系统失败为导向的逻辑分析方法。最为著名的故障逻辑方法即为故障树建模方法。故障树是 1961 年贝尔实验室的 H. A. Watson 在研究民兵导弹控制系统的可靠性时首次提出的[29]。故障树建模过程中以系统最不希望出现的失败事件为顶事件,使用逻辑门符号和事件符号刻画导致这一失败事件的各种原因之间的逻辑关系,逐层展开到与系统中组成单元的故障相对应的事件(底事件)为止。1972 年,Fussel 和 Vesely 提出了一种简便的故障树定量分析方法——MOCUS[30],可以极大地简化故障树顶事件发生概率的计算量,促进了故障树方法的推广。目前,故障树方法已经被广泛应用于系统故障分析和风险评估中[31,32]。

可靠性逻辑方法本质上是对系统成功或系统失败进行事理逻辑的分析,反映了人们对系统成功或系统失败的过程的一种认知。因此,可靠性逻辑方法在应用实践中面临的问题就是在认识和刻画复杂系统成功或失败的逻辑过程中存在着认知不确定性问题。

1.3.4 可靠性设计方法

以经验为主定性的"可靠设计"要早于定量的"可靠性设计",甚至早于可靠性理论的形成。"可靠设计"的经验来源于人类的"实践、认识、再实践、再认识"的循环往复,而"可靠性设计"则是利用数学这一工具对"可靠设计"实践进行量化,从而实现从感性的"可靠"到理性的"可靠性"的认识飞跃。在本书中,为了方便理解,我们不再对上述两类方法进行细分,按照安全系数设计法、降额设计法、防护设计法、余度设计法和概率设计法的顺序简要介绍可靠性设计方法论。

1.3.4.1 安全系数设计法

安全系数设计法最常用在机械工程、土木工程、飞行器结构设计等专业领域。为了保证机械零件或结构的正常工作,避免发生塑性变形、疲劳、断裂等机械、结构失效,设计时都留有足够的强度储备。在现有的工程实践中,强度储备的程度是通过安全系数来描述的。安全系数是人们在应力和强度两方面不作深入分析的情况下,为了得到可靠的结构而引入的一个依靠长期工程经验总结而来的设计系数。安全系数具有直观、灵活及使用简便的特点,广大工程设计人员也习惯于基于安全系数来开展机械零件和结构的设计工作。

安全系数设计法是以长期的实践经验为基础的,它可以保证所设计的产品在一定时期内满足预定的性能指标。事实上,确保这一方法能够长期有效的内在原因是,通过设置较大的安全系数,将设计强度和实际工作应力之间的距离拉大,使得强度这一关键性能"更富裕",从而能够在设计寿命内最大限度地抵抗外界应力的变化及强度的退化。因此,安全系数法最根本的思想就是提高"性能裕量",以得到相对可靠的设计结构。

随着科学技术的发展及人们对客观世界认识的不断深化,安全系数设计法的弊端也日益明显。一方面,安全系数设计法并没有经过细致的理论分析来确定安全系数的大小,更无法根据安全系数定量计算出设计的机械产品或机械结构到底有多可靠。该方法之所以能在工程上取得成功,主要应该归功于它在设计过程中通过提高性能裕量抵抗了强度与应力变化带来的问题,也正因为此,人们为了保险起见,就会设置较大的安全系数,从而导致各种资源的浪费。另一方面,在实际情况下,强度和应力都不是确定的值,而是具有不确定性的物理量。在应用中如果产品强度或应力的不确定性/分散性过大,经典的安全系数设计法也会出现因为无法抵御强度和应力的不确定性而失效的情况。

1.3.4.2 降额设计法

降额设计法是使电子元器件在使用中承受的应力低于其额定值的一种可靠性设计方法。通过限制元器件所承受的应力大小,能够达到减少电子元器件故障、提高产品可靠性的目的。在降额设计法使用中,通常需要根据电子元器件的重要程度,确定相应的降额等级及降额因子。降额因子是指电子元器件工作应力与额定应力之比。不同的电子元器件、不同的降额等级,通常对应不同的降额因子。在确定降额等级和降额因子后,结合每一种电子元器件的特点,选择关键降额参数实施降额。例如,对于晶体管,可选择最高工作结温按照相应的降额因子进行降额设计,就能有效地减少故障,保证其可靠工作。

实际上,降额设计的原理是通过降低应力的大小,给电子元器件的性能(关键降额参数)留出足够富裕的量,使得电子元器件的关键性能在各应力作用下的退化速度减缓,从而能够在完成功能的情况下坚持更久的时间,抵抗更多的不确定性因素。这就好比人搬东西,假如一个人最多能搬动20kg的重物,而在实际工作中只让其一次搬10kg的重物,那么这个人搬东西时就会感受到自己的力气还很富余,能够多搬几次;如果每次都搬20kg的重物,可能搬一两次就没什么力气了,且增加了受伤的风险。因此,降额设计就是通过提高"性能裕量"来保证电子产品可靠工作。

与安全系数设计法相比,降额设计法可以基于可靠性物理方法给出电子元器件的故障率或故障时间。如在美军标 MIL-HDBK-217F 中提出了分立半导体器件的故障率协变量模型[33],以常用的硅 NPN 晶体管为例,其基本失效率模型为[34]

$$\lambda_b = Ae^{(N_T/(T+\Delta T \cdot S))+((T+\Delta T \cdot S)/T_{jm}P)}$$

式中:A 为失效率换算系数;N_T 和 P 为元器件的形状参数;T_{jm} 为零功率点最高允许结温;T 为工作温度(环境温度或壳温);ΔT 为额定功率下最高允许结温与 T_{jm} 之差;S 为降额因子。可以看到,降额因子越小,即降额程度越大,则该类电子元器件的基本故障率越低。

随着人们对电子产品故障机理的认知不断加深,人们开始从故障物理的角度去理解和规避电子产品的故障,并逐渐优化电子元器件的设计。从故障物理模型中,我们更能体会到性能裕量对可靠性的影响。以 MOS 管的栅氧化层介质击穿(TDDB)机理为例。MOS 管的栅氧化层在不断被损伤的过程中,将导致 MOS 管的放大倍数逐渐发生漂移,漂移量超过一定量值时就发生故障。该机理下的故障前时间 TTF 模型为[35]

$$TTF = 1\times10^{-11}\exp\left\{\frac{3.5\times10^{10}T_c}{V_g}\times\left[1+\frac{0.0167}{k}\times\left(\frac{1}{T_d}-\frac{1}{300}\right)\right]-\right.$$
$$\left.\frac{0.28}{k}\times\left(\frac{1}{T_d}-\frac{1}{300}\right)\right\}\times\frac{1}{3600}$$

式中:k 为玻尔兹曼常数;T_c 为外封装盖的厚度;V_g 为氧化层门电压;T_d 为芯片工作时的温度。在实际工作条件下,TTF 随 MOS 管工作温度的降低而提高,因此通过对温度进行降额,就可以减慢放大倍数这一关键性能在 TDDB 机理下的漂移量退化速度,从而提高元器件的可靠性水平。

1.3.4.3 防护设计法

为了提高产品的可靠性,还有一类经常采用的设计方法,即防护设计法,也可称之为屏蔽设计法[36]。例如,电子产品的热防护设计、电磁防护设计,均是通过采取措施隔离热源和屏蔽电磁干扰来减少产品的故障;再如,机械产品中的隔振设计,通过采取措施隔离振源从而达到减少产品故障、保证其可靠工作的目的。

迄今为止,针对各专业领域已经形成了众多的基于经验总结的防护设计规范或设计准则以指导工程实践。值得指出的是,这些设计规范或设计准则在工程实践中是通过各种极限条件试验进行验证的,只要通过了极限条件试验验证,则认为产品是可靠的。防护设计法的本质是通过提升产品对所防护要素的性能裕量来保证产品能可靠工作,但防护设计法同安全系数法一样,难以给出产品可靠性的定量表达。

1.3.4.4 余度设计法

余度设计是一种保证系统可靠的设计方法[36]。余度设计的历史同样早于可靠性理论的诞生,在人类历史上的工程实践中可以很容易发现余度设计的案例。20世纪初,可靠性科学诞生之后,经过余度设计的系统可靠度可以按余度设计的结构用组成系统的各单元的可靠度来计算。

余度设计的本质是通过增加系统中功能单元的备份余度来实现系统性能裕量的提升。再举前面搬东西的例子,一个人最多能搬 20kg,则两个人同时工作最多可搬 40kg,而平时工作则设定为每次搬 20kg,这样系统有了 20kg 的裕量,如果其中一人临时不能工作,则另一人可以偶尔搬 20kg,仍然可以保证系统暂时完成搬运 20kg 的工作,当然在此情况下,另一人要能迅速恢复工作或用另一人来替换。

1.3.4.5 概率设计法

可靠性概率设计法来源于 1926 年德国学者 Mayer 提出的概率设计方法[37]。1947 年,A. M. Freudenthal 教授在《结构的安全度》(The Safety of Structures)一文中建立了应力—强度干涉模型及相应的结构安全度确定方法[38],这就是可靠性概率设计法的雏形。

土木工程是全面应用概率设计法的领域之一,在很多结构设计的标准中,基于应力-强度干涉模型,通过假设强度和应力服从正态分布,提出了平均安全系数和可靠度系数[39]:

$$n = \frac{\mu_x}{\mu_y}$$

$$\beta = \frac{\mu_x - \mu_y}{\sqrt{\sigma_x^2 + \sigma_y^2}} = \frac{n-1}{\sqrt{n^2 C_x^2 + C_y^2}}$$

式中:n 为平均安全系数;β 为可靠度系数;μ_x、μ_y、σ_x、σ_y 分别为强度和应力的均值与标准差;C_x 和 C_y 分别为 x 与 y 的变异系数($C = \sigma/\mu$)。需要指出的是,有人也将可靠度系数 β 称为"概率安全余量"[40],这实际上可以看作是概率意义下的一种"均值裕量"表征,也构建了平均安全系数与可靠度之间的纽带,它的值越大,则产品或部件越可靠。

在机械结构设计及土木结构设计领域,概率设计法中还有两个重要概念:极限状态方程和功能函数。极限状态方程是表现结构或结构构件处于极限状态时的关系式,功能函数是描述结构功能状态的函数。极限状态包含承载能力的极限状态(安全性)和正常使用的极限状态(适用性、耐久性),每一种极限状态都对应着结构某一功能濒临丧失的状态[41]。极限状态方程通常可以描述为

$$Z = g(x_1, x_2, \cdots, x_n) = 0$$

式中:$Z = g(\cdot)$ 为结构的功能函数;$x_i(i = 1, 2, \cdots, n)$ 为一系列影响结构可靠度的变量。最简单的功能函数形式为 $Z = R - S$,其中 R 表示工程结构的抗力,S 为

工程结构的作用效应。当 $Z=R-S>0$ 时，则结构是可靠的。这个形式与前述的应力—强度干涉模型极为类似，因此也可据此推导出可靠度系数 β。容易看到，当 R 和 S 均为随机变量时，若它们之间的（均值）距离越大，则可靠度系数的值越大，结构越可靠。这说明，通过提高工程结构的抗力，使得结构抵抗各种作用效应的能力更为富裕，从而提高了可靠性水平。因此基于极限状态方程和功能函数开展结构设计的方法，实际上就是在有限资源条件下，尽可能地提高性能裕量来保证结构的安全可靠。

概率设计法的另一个重要领域就是系统的可靠性优化。20 世纪六七十年代，人们基于 AGREE 报告中提出的可靠性设计思想，提出了基于可靠度的设计优化（Reliability-Based Design Optimization, RBDO）方法。在这一方法中，不仅要考虑成本、重量等传统设计中考虑的因素，还将可靠度的约束考虑进去。人们先后提出了基于系统功能逻辑法或故障逻辑法的各种系统可靠性的设计优化模型以及基于极限状态方程的各种结构系统可靠性设计优化模型。如基于可靠性框图的最优可靠度分配、冗余分配等多种系统可靠性设计方法；再如，考虑系统重要度或成本约束的可靠性设计优化方法等。时至今日，系统可靠性设计优化方法仍然是可靠性科学研究的一个热点。

综合以上几类可靠设计方法，可以发现各种设计方法本质上都是通过提升性能裕量的途径来保证产品可靠工作的，可以认为只要保证了产品（无论是单元还是系统）的性能裕量大于 0，则产品是可靠的，而概率设计法不过是试图赋予这种设计一种定量的度量。

1.4 考虑认知不确定性的可靠性度量

1.4.1 认知不确定性——可靠性科学面临的挑战

在 1.3 节，本书从可靠性统计、可靠性物理、可靠性逻辑和可靠性设计等四个方面阐述了迄今为止可靠性科学方法论所取得的伟大成就。按照前述，似乎在经历了 20 世纪的发展后，可靠性科学的大厦已经完整地耸立在人们面前。然而，可靠性科学的天空始终飘着一朵乌云，这朵乌云一直伴随着可靠性科学诞生和发展的全过程，并且随着人类的现代化进程不断向可靠性科学发起挑战，这朵乌云就是认知不确定性。

在 1.1 节已经指出，工程界把不确定性划分为两类：随机不确定性和认知不确定性。随机不确定性是指客观世界固有存在的随机性特征，这种随机不确定性一般用概率描述。认知不确定性是由认知能力局限和知识、信息的不足而导致的,我们可以通过开展科学实践、提升认知能力和加深对客观世界规律性的认识,逐渐减少认知不确定性而不断追求认知的确定性。按照这种划分,我们再回顾一下各种可靠性科学方法,并逐一分析它们遭遇到的认知不确定性问题。

1. 可靠性统计方法

可靠性统计方法的理论基础是概率论中的大数定律,技术基础是统计学中的假设检验、分布拟合,实践基础是可以获取足够多的产品故障数据。然而,在实践中,大量存在着故障数据样本不符合大数定律的情况。导致这一情况主要有两方面原因:一是随着科学技术的发展,产品的可靠性越来越高,在使用和试验中产品发生故障的数据越来越少;二是实践中经常存在着小批量甚至单件制造的产品,根本不可能获取足够多的故障数据。在这种情况下,可靠性统计方法由于可用信息的稀少而产生了认知不确定性。

2. 可靠性物理方法

在硬件产品领域,研究人员已经建立了许多确定性的故障物理模型。通过这些模型,设计人员可以掌握模型参数与故障时间之间的定量关系,再采用模型参数随机化的方法便可以计算(仿真)得到产品的可靠性指标。当可靠性指标不满足要求时可以通过修改模型参数来实现重新设计,从而达到设计要求。可靠性物理方法实现了在产品设计早期进行可靠性分析评估的目标,分析评估的结果也可以直接指明产品的设计改进方向,从而克服了可靠性统计方法的两个方面的缺点。这种方法考虑的不确定性仅来源于模型参数的随机不确定性,用概率分布来表征。

同样,可靠性物理方法也存在着认知不确定性问题。如前所述,使用可靠性物理方法时,需要开发一个故障物理模型来描述故障机理,但由于人的思维具有非至上性,人们对故障机理的认知难以充分和全面,特别是对于新原理、新技术和新产品更是如此。因此,故障物理模型往往无法完美地描述故障过程,即存在模型认知的不确定性。当然,由于实际操作和环境条件中缺乏数据,往往也无法估计模型参数的精确概率分布,即模型参数也存在认知不确定性。显然,可靠性物理方法没有考虑这些认知不确定性。

3. 可靠性逻辑方法

无论是功能逻辑方法还是故障逻辑方法,当应用于复杂系统时,人们对系统的成功或失败过程往往存在认知不确定性。在硬件产品领域,人们在运用可靠性框图方法或故障树方法建立系统的模型时,往往假设组成系统的各单元在功能上是独立的或引发系统故障的底事件是独立的,这种独立假设往往带来系统建模过程中的认知不确定性。在软件或网络系统领域,其功能逻辑或故障逻辑更为复杂(例如网络故障传播规律的研究就是这一领域的研究热点),在这种情况下,认知不确定性的成分更大。对于这种认知不确定性,几乎所有的研究都采用概率测度。

4. 可靠性设计方法

前已述及,各种可靠性设计的本质是增加产品的性能裕量,裕量反映了人们在特定领域的经验积累,存在着相当大的认知不确定性。即使在概率设计法中,通常假设的应力或强度服从某种概率分布,也往往缺乏可信的依据,从而存在着认知不确定性。

随着科技的发展,产品越来越丰富,系统越来越复杂,人们逐渐认识到,认知不确定性对产品可靠性的影响越来越重要,以上所介绍的各种可靠性科学方法严格意义上均没有考虑到各种认知不确定性,但在可靠性工程实践中却难以回避这个问题。例如,从一种新型运载火箭研制开始一直到其发射前,几乎无法获得概率意义上的可靠性评估结果,但关于成功或失败的可能性判断几乎无时不在总设计师、总指挥乃至全体参研人员头脑中盘算;再如,长期贮存的战略装备同样难以获得概率意义上的可靠性评估结果,但是其有效性同样是决策者十分关注的问题。因此,考虑认知不确定性给出可靠性度量,在可靠性实践中有着广泛的现实需求,这种度量反映了认识主体(人)的一种心态或倾向。当然,在涉及不同的经济、军事或社会利益的决策问题中,处于不同地位和掌握信息多少不同的人,对这一度量的认知是不同的,在建立科学合理的可靠性度量理论时也要加以考虑。

综上所述,可靠性科学起源时采用概率作为可靠性的度量,在经历了迅猛发展后,逐步构建了自己的理论话语。但是,面对实践中的各种挑战,这一度量方法显露了它的局限性,因此如何选择可靠性度量又成为可靠性科学不得不面对的一个最基本的问题[42]。为了能够处理和量化认知不确定性,数学家和科学家们先后提出了众多数学理论和数学方法,包括贝叶斯理论、证据理论、区间理论、模糊理论等。众多学者将这些理论应用到可靠性领域,提出了不同的可靠性度量与分析方法。本节介绍常见的四类考虑认知不确定性的可靠性度量,分别是主观概率可靠度、证据可靠度、区间可靠度和模糊可靠度。这四种度量中,前三个仍然使用概率测度,但是其中都包含了相应的主观信息;最后一个使用可能性测度。

1.4.2　主观概率可靠度

主观概率理论是意大利数学家 Bruno de Finetti 1930 年在《概率推理的逻辑基础》(*Fondamenti logici del ragionamento probabilistico*)一书中提出的[43]。几乎

在同一时间,英国数学家 Frank Ramsey 在《数学基础和其他逻辑学文章》(*The Foundations of Mathematics and Other Logical Essays*)一书中也独立地提出了主观概率的相关理论[44]。

主观概率有时也被称为判断性概率或基于知识的概率[45],是人根据背景知识对不确定性做出的纯认知的描述。在这种观点下,事件 A 的概率表示人对于 A 发生的置信度。因此,人们分配的概率实际上是人的知识状态的数学体现,而不是"真实世界"的属性。任何主观概率都基于人的背景知识 K,可以写作 $P(A \mid K)$。实际应用中,通常省略 K,其原因是背景知识在本次计算中通常是未修改的。因此,如果背景知识改变,概率也可能改变。由于贝叶斯定理可以实现通过收集到的数据对已有信息的更新,因此贝叶斯框架便成为了描述主观概率的合适工具。

数学上,贝叶斯定理可如下式表示[46]:

$$p(\boldsymbol{\theta} \mid y) = \frac{f(y \mid \boldsymbol{\theta}) p(\boldsymbol{\theta})}{m(y)}$$

其中

$$m(y) = \int f(y \mid \boldsymbol{\theta}) p(\boldsymbol{\theta}) \mathrm{d}\boldsymbol{\theta}$$

式中:函数 $p(\boldsymbol{\theta} \mid y)$ 为后验密度函数;$p(\boldsymbol{\theta})$ 为先验密度函数;$m(y)$ 为数据的边沿密度函数;$f(y \mid \boldsymbol{\theta})$ 为数据的似然函数(或抽样密度函数)。在贝叶斯定理中,先验密度函数是根据人们的先验知识得到的或估计的,即最初的主观概率分配。利用该定理,根据数据信息 $f(y \mid \boldsymbol{\theta})$ 能够得到更新后的主观概率 $p(\boldsymbol{\theta} \mid y)$,即后验分布。

在贝叶斯框架下利用主观概率度量可靠性以及开展可靠性分析的典型方法有两类。一是基于成败型数据、故障时间数据等与故障相关的数据来进行可靠性分析;二是基于性能模型,用贝叶斯理论更新模型参数的概率分布来进行可靠性分析。

第一类方法已经较为成熟,且已经推导出很多现成的结果可供使用。基于故障时间数据开展分析是最为常见的,这一方法主要包含四方面内容[46,47]:确定先验分布、收集少量数据、获得后验分布以及计算可靠度函数的后验分布。具体而言,首先,假设系统故障时间的分布为 $f_T(t \mid \boldsymbol{\theta})$,并由分析人员根据相似产品、试验结果、仿真分析、专家经验等信息确定分布参数 $\boldsymbol{\theta}$ 的先验分布;然后,由少量故障时间数据获取似然函数,并通过贝叶斯定理得到 $\boldsymbol{\theta}$ 的后验分布 $p(\boldsymbol{\theta} \mid t)$;最后,从后验分布中随机抽取 $\boldsymbol{\theta}$ 的取值,根据 $R(t) = \int_t^{\infty} f_T(\xi \mid \boldsymbol{\theta}) \mathrm{d}\xi$,得到 $R(t)$ 的后验分布,并取后验中值可靠度 $R_m(t)$ 作为度量的主观概率可靠度指标。Hamada 等人在《贝叶斯可靠性》(*Bayesian Reliability*)一书中总结了针对离散故障数据、故障时间数据及截尾数据对应的贝叶斯可靠性模型,重点针对故障时间数据,阐述了常见的故障数据模型(如指数分布模型、Weibull 分布模型、Gamma 分布模型等)[46],推导了故障时间的先验分布为不同分布时,如何确定先验分布参数以及如何获得后验分布。

第二类方法是近年来基于主观概率可靠性理论研究的热点和重点。这种方法通常是基于性能模型展开的,其基本思路是:将性能模型的输入参数描述为随机变量 x,其联合概率分布用 $f_x(x)$ 表示;考虑到参数的认知不确定性,$f_x(x)$ 的分布参数 θ 是不确定的,且有概率密度 $f_\theta(\theta)$;若能收集到少量数据,则利用贝叶斯定理,能够实现对输入参数的更新;最后通过在失效域外对各参数进行积分计算贝叶斯可靠度。在上述思想下,实际上可靠度或故障概率也是随机变量。为此,Kiureghian 提出使用故障概率分布的均值来描述结构的故障概率,并总结了三个高效的求解方法[48]。吕大刚等人基于贝叶斯理论,根据对参数 x 的不确定性估计方法的不同,讨论了三类可靠性指标——点估计指标、区间估计指标、预测估计指标,并提出了 x 和 θ 不确定性同时存在时可靠性分析的联合分析法、嵌套分析法及分离分析法[49]。对于如何对模型参数进行更新,Sankararaman 和 Mahadevan 阐述了如何基于学科模型参数数据对 x 的分散性(分布)及其分布参数 θ 进行分布更新,并用敏感性分析的方法研究了 x 和 θ 的不确定性对最终可靠性指标的贡献量[50]。Wang 等人提出了通过贝叶斯方法,利用不充分数据和主观数据更新参数的分布并实现可靠性分析的方法,该方法被应用于汽车系统中车门关闭性能的可靠性分析中[51]。

1.4.3 证据可靠度

证据可靠性度量是在证据理论的数学框架下提出的。证据理论是由 Dempster 于 1967 年首先提出,他的学生 Shafer 进一步发展起来的一种处理认知不确定性的数学理论[52],因此又被称作 Dempster-Shafer 理论。

证据理论在衡量一个事件 B 的概率时,通常根据与其相关的证据(命题或事件)来进行评估,并给出信度和似然度两个值作为概率的上下界。为此,需要首先确定所分析事件的识别框架(Frame of discernment),记为

$$\Theta = \{\theta_1, \theta_2, \cdots, \theta_m\}$$

其中 Θ 包含了用来描述事件 B 的所有可能且互斥的基本命题或假设。令 A_i 表示 Θ 的子集($i = 1, 2, \cdots, 2^m$),所有的子集构成了识别框架 Θ 的幂集,用 2^Θ 表示。推断系统处于某些状态的命题可以用幂集中的元素来表示。例如,假设 $\Theta = \{1, 2\}$,则其幂集 $2^\Theta = \{\varnothing, \{1\}, \{2\}, \{1, 2\}\}$ 中的各个元素可以表示命题:"取值既非 1 也非 2""取值为 1""取值为 2""取值为 1 或 2"。然后,对于识别

框架幂集中的每一个元素,通过证据确定其基本概率分配函数(Basic Probability Assignment,BPA),BPA 为正的元素称为焦元(Focal set)。BPA 本质上是一个 $2^\Theta \to [0,1]$ 的映射函数,用 m 表示,且必须满足:

(1) $m(\varnothing) = 0$;

(2) $\sum\limits_{A_i \in 2^\Theta} m(A_i) = 1$。

在实际情况下,BPA 的值通常是由专家根据已有的信息并结合经验给出的,是一种主观信息,这便是证据理论对认知不确定性的表示和描述。

根据焦元和相对应的 BPA 值构成的新证据,便可以计算事件的信度和似然度度量:

$$
\begin{cases}
Bel(B) = \sum\limits_{A_i \subseteq B} m(A_i) \\
Pl(B) = \sum\limits_{A_i \cap B \neq \varnothing} m(A_i)
\end{cases}
$$

式中:Bel 表示信度,它描述的是证据支持事件 B 发生的程度;Pl 表示似然度,它描述的是证据不支持该事件的补事件发生的程度;这两个值便构成了事件 B 发生概率的上界和下界,即

$$Bel(B) \leqslant P(B) \leqslant Pl(B)$$

当人们关注的事件是产品可靠时,$P(B)$ 就演化为了可靠度 R。若通过收集相关证据来计算 R 的信度与似然度,就构成了可靠度的区间 $[R_L, R_U]$,实现了可靠性的度量,其中,R_L 为产品可靠的信度,R_U 为产品可靠的似然度。这个区间的宽度就反映了认知不确定性的大小,区间越宽,则认知不确定性越大。以上就是证据可靠度的基本思想和数学基础。

基于这样的思想,针对证据可靠性度量研究更多关注于如何基于证据理论在可靠性分析问题中构建识别框架、获取 BPA 等问题[53,54]。对于不同的问题或不同的模型,构建的识别框架和获取 BPA 的方式是不同的,基于证据理论的可靠性分析就是在不同的识别框架下计算信度和似然度。目前,相关的大部分研究关注于在概率模型中用证据理论刻画模型参数存在的认知不确定性,从而计算系统可靠性指标,包括可靠度与故障概率。一种常见的方法是[55]:首先构建产品的性能模型 $y=f(\boldsymbol{x})$,其中 y 表示某一关键性能参数,$\boldsymbol{x}$ 为输入参数向量,假设 y 超过某一阈值 y_{th} 时产品发生故障,那么产品可靠的事件定义为 $C = \{y < y_{th}\}$。然后通过构建参数的取值全集(识别框架),由专家对每个取值可能分配 BPA。根据证据理论的不确定性传播法则,便能够计算事件 C 的信度 $Bel(C)$ 及似然度 $Pl(C)$,从而得到可靠度区间 $[R_L, R_U]$,其中

$$\begin{cases} R_L = Bel(C) \\ R_U = Pl(C) \end{cases}$$

在结构领域,许多学者尝试利用证据理论量化设计参数中的不确定性,并通过极限状态方程来进行可靠度指标的计算。Bae 等人研究了基于证据理论的大型结构可靠性分析问题[56]。他们首先将识别框架确定为$(-\infty, +\infty)$,并对受不确定性影响的参数在整个取值空间上的可能分配 BPA(不确定性量化过程),然后利用代理模型求解失效域参数取值,并根据证据理论中的运算法则计算结构失效的信度与似然度(不确定性传播过程),从而得到失效概率的上下界。郭惠昕等人提出一种类似 Bae 提出方法的失效概率分析方法[57],首先把极限状态方程中每一个随机变量的样本空间划分为若干子区间,对每个子区间建立 BPA 函数,然后对所有随机变量的联合识别框架,通过 Dempster 合成法则建立 BPA 函数,最后对失效域求解信度和似然度确定失效概率的上下界。考虑到大型结构可靠性分析过程中计算的困难性,Bae 等人还在证据理论框架下提出了一种可靠度的近似方法,大大降低了计算成本[58]。姜潮等人也提出了一种高效的基于证据理论的可靠性分析方法[59]。通过构造优化问题求解极限状态方程及设计验算点,并通过构造辅助区域减少需要参与极值分析的焦元个数,从而提高了可靠性分析的计算效率。另外,Jiang 等人为解决证据理论量化参数不确定性时的离散性引起的计算难度过大的问题,还提出了一类新的高效分析方法[60]。McGill 等人提出了另一种基于证据理论的可靠性分析思路[61],即利用证据理论将设计分析结果、专家经验、定性分析等信息提取为某些参数取值的"证据"(在识别框架$(-\infty, +\infty)$下分配 BPA),然后基于信度变换模型(Transferable Belief Model),得到参数取值的概率密度函数,从而基于极限状态方程实现可靠度的计算。类似于 McGill 的方法,锁斌研究了在异类信息的条件下基于证据理论的可靠性分析方法[53],提出了概率分布、概率包络、模糊分布、专家信息、小样本测试数据等不同类型的信息转化为证据理论中焦元表示的方法,并提供了对参数不确定性进行统一量化的框架。

1.4.4　区间可靠度

区间可靠性度量的数学理论基础是区间分析理论。区间分析理论是由著名数学家 Ramon E. Moore 提出的[62],其基本思想是用区间来描述模型输入参数的不确定性,并通过区间数学的方法得到模型输出的最大最小值,实现不确定性的传播[63]。

假设在模型 $y = f(x)$ 中,输入参数向量的所有变量均为区间变量,那么 x 便构成一个凸集,表示为 $[x_L, x_U] = [x_{1,L}, x_{1,U}] \times [x_{2,L}, x_{2,U}] \times \cdots \times [x_{n,L}, x_{n,U}]$。基于

此,就可以通过区间数学的方法或利用优化算法得到 y 的区间 $[y_L, y_U]$。通过区间分析,不确定性传播问题被转化成为了一个最优化问题加以解决[64],由于其不需要事先假设参数服从的概率分布,因此,在处理小样本、乏数据条件下的不确定性量化问题时很有优势。

Ben-Haim 和 Elishakoff 是最早利用区间变量来描述参数的认知不确定性的学者[65],他们建立了基于区间分析的结构可靠性分析模型。北京航空航天大学的邱志平教授团队在基于区间的可靠性分析方法方面做了大量研究。他们用区间变量来量化参数的认知不确定性,结合凸集合与极限状态方程提出了区间可靠性模型,定义了区间可靠性指标,并证明了这种可靠性模型与概率可靠性模型的相容性[66,67]。另外,他们研究给出了通过少量试验数据来量化参数认知不确定性的方法[68,69]。通过构建一个最优化模型,将覆盖所有试验数据的超椭圆或超矩形的面积作为目标函数,通过求解模型的极小值,得到能够覆盖试验数据的最小区间,并将这一区间用来描述参数的认知不确定性大小。在获得参数的区间后,进一步提出了各种基于区间算法的区间变量不确定性传播方法,经过极限状态方程的传播,实现了可靠性指标的计算[70-72]。

在进行可靠性分析时,通常面对的是概率模型,因此由区间分析方法演化出了概率盒(Probability box)理论[73],即模型 $y=f(x)$ 中的 x 均为随机变量,而 x 的分布参数为区间变量,则通过笛卡儿积的方法或优化算法,能够得到一个 y 的概率盒子,即 y 的概率分布的上下界,包裹在其中的任何一个概率分布都有可能是 y 真实的分布,概率盒包围的面积大小反映了认知不确定性的大小,如图 1.1 所示。通常情况下,y 表示产品的某一性能参数,当其超过某一阈值 y_{th} 时产品发生故障,那么根据产品可靠的计算公式 $R = \Pr\{y \leqslant y_{th}\}$,便能得到一个可靠度的区间 $[R_L, R_U]$,需要说明的是,这一区间是一个概率区间。下图展示了这一可靠性度量的原理。

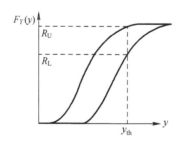

图 1.1　区间可靠性度量图示

Ferson 和 Ginzburg 是最早提出概率盒概念的学者,他们用区间来描述模型参数的分布参数,使得模型输出的分布成为一个概率包络,称作概率盒,从而进一步得到故障概率的区间或可靠度区间[74]。Karanki 等人总结了构建概率盒的笛卡儿积方法,并将概率盒应用于可靠性分析和概率风险评估中,对某个主控供电网路进行了不确定性分析,计算了可靠度和风险[75]。Zhang 提出了一系列基于蒙特卡罗仿真的方法(区间蒙特卡罗法[73]、区间重要度抽样法[76]、准蒙特卡罗法[77])来构建概率盒,以实现对结构可靠性的分析。他将提出的方法与基于贝叶斯理论的分析方法进行比较,发现概率盒的方法更能直观地描述认知不确定性的大小。Zhang 等人将概率盒的构建转化为一个优化问题,使用优化算法来计算概率盒的上下界,从而实现可靠度区间的计算[64]。

1.4.5　模糊可靠度

模糊可靠性度量的数学基础是著名数学家 Zadeh 先生于 1965 年提出的模糊理论[78]。由于模糊理论中的可能性测度以及隶属度函数的概念可以用来处理具有不明确内涵及外延的非精确事件,因此被用来处理认知不确定性。

可能性测度是在模糊理论框架下提出的数学测度,可记为 Π,它是在三条公理的基础上确定的[79]:

公理 1.4　对于空集 $\varnothing$,$\Pi(\varnothing) = 0$;

公理 1.5　对于全集 Γ,$\Pi(\Gamma) = 1$;

公理 1.6　对于全集 Γ 中的任意集合 Λ_1 和 Λ_2,$\Pi(\Lambda_1 \cup \Lambda_2) = \max(\Pi(\Lambda_1), \Pi(\Lambda_2))$。

模糊理论中另一个重要概念是隶属度函数[79]。一个模糊变量 X 的隶属度函数,用 U_X 表示,它表示实数集到单位区间 $[0,1]$ 的映射,即对所有 $x \in \mathbf{R}$,有

$$U_X(x) = \Pi(\gamma : X(\gamma) = x)$$

Blockley 和 Hoffman 是最早将模糊理论引入到可靠性、安全性研究中的学者。Blockley 提出在结构设计和可靠性分析中,涉及人的不确定性(经验)用概率来描述是不恰当的,用模糊集来描述这种不确定性才更合适[80,81]。Hoffman 则是关注于计算机系统的故障风险,尝试用模糊理论来对风险进行度量和分析[82]。然而,两位学者并未系统性地构建模糊可靠性这一理论。直到 1990 年,北京航空航天大学蔡开元在模糊理论的基础上,提出了模糊可靠性度量的整体架构[83,84]。他考虑描述系统的两个方面因素——系统行为的数学表征以及系统的状态特征,提出了两对相应的假设条件。

第一对为数学测度假设:

假设 A1.(概率假设)系统行为能够完全由概率测度描述;

假设 A2.(可能性假设)系统行为能够完全由可能性测度描述。

第二对为系统状态假设:

假设 B1. (双态假设)系统只有两个状态,即正常工作或故障;

假设 B2. (模糊态假设)系统状态是模糊的,即正常和故障的边界是模糊的。

将两对假设进行两两组合,蔡开元教授定义了四类可靠性度量:率双可靠度(概率假设及**双态**假设)、率模可靠度(**概率**假设及**模糊态**假设)、能双可靠度(可**能**性假设及**双态**假设)、能模可靠度(可**能**性假设及**模糊态**假设)。在这四类可靠性度量中,率双可靠度即为最经典的概率可靠性度量,率模可靠度、能双可靠度和能模可靠度均被归为模糊可靠性度量。其中,最为常用的模糊可靠性度量为能双可靠度,且它是与概率可靠度相对应的可靠性度量,因此本书主要对能双可靠度进行介绍。

能双可靠度有两种等价定义:

(1)假设系统的故障时间 X 是一个模糊变量,其隶属度函数为 $U_X(x)$,则系统的能双可靠度指系统在规定时间内、规定条件下,完成规定功能的可能性测度,记为

$$R_{\mathrm{pos}}(t) = \mathit{\Pi}(X>t) = \sup_{u>t}\mathit{\Pi}(X=u) = \sup_{u>t} U_X(u) \quad (t \in \mathbf{R}^+)$$

式中: $\mathit{\Pi}$ 为可能性测度。

(2)假设系统的状态 $\mathit{\Phi}$ 是一个二态的模糊变量,系统的能双可靠度可以表示为系统处于正常状态的可能性测度,即

$$R_{\mathrm{pos}} = \mathit{\Pi}(\mathit{\Phi}=1)$$

系统的能双不可靠度可以表示为系统处于故障状态的可能性测度,即

$$R_{\mathrm{pos}} = \mathit{\Pi}(\mathit{\Phi}=0)$$

获得能双可靠度的一个典型方法是,基于少量故障时间数据和模糊统计的方法或基于专家信息、相似产品,给出故障时间的隶属度函数,然后根据能双可靠度的定义得到能双可靠度函数。

在能双可靠度分析方面,许多学者基于可靠性框图进行了研究。Cai 等人在给出能双可靠度(Posbist reliability)的定义时,给出了串联系统、并联系统以及一般单调关联系统的系统可靠度计算方法[84]。后来,他们又针对可能发生短路、断路两种故障模式的典型系统,推导了系统的能双可靠度表达式[85]。涉及的系统包括串联、并联、串并联、并串联、k/n 等,并说明了系统的能双可靠度都被限制在组成系统的单元的能双可靠度最大值和最小值之间。他们还推导了冷备份和温备份系统在转换开关完全可靠和不完全可靠两种情况下系统的能双可靠度公式[86]。Utkin 开展了典型可修系统的模糊可靠性分析,给出了计算可用度和不可用度的方法[87]。De Cooman 研究了二值状态假设下模糊可靠性分析问题,并根据可能独立性(Possibilistic independence)建立了可能性结构

函数来计算系统的模糊可靠度[88]。Utkin 等人以系统的泛函方程为基础,将系统分为失效和完好界限明确的多个状态,运用系统的状态转移图(State transition diagram)提出了一般 posbist 系统的可靠性分析方法,推广了蔡开元的工作[89]。Oussalah 等人讨论了可能性理论框架下串-并联系统结构的可靠度分析问题[90]。何俐萍通过拓宽系统寿命这一模糊变量的定义域,简化了各种典型结构能双可靠度函数的推导,并在此基础上对基于可能性度量的机械系统可靠性分析与评价问题进行了系统研究[91]。He 等人讨论了组成系统的单元寿命为对称高斯模糊变量时,串联、并联、串并联、并串联、冷备份等几种典型的系统结构下,系统能双可靠度的计算公式[92]。Huang 等人假设系统的寿命是一个高斯模糊变量,推导了 k/n:G 系统的能双可靠度分析方法[93]。Bhattacharjee 等人对 k/n 系统的能双可靠性分析进行了研究,指出这种系统的能双可靠度与系统部件数无关[94]。

另外,一些学者还通过将性能模型参数描述为模糊变量,利用模糊理论的运算法则来计算故障概率可能性或模糊可靠度。Cremona 与 Gao 将结构的极限状态方程中的参数看作模糊变量,若知道模糊变量的可能性分布,则可在可能性测度下对结构可靠性进行计算[95]。与 Cremona 的研究类似,Mooler 等人将模型参数描述成模糊变量,提出利用少量的数据和专家的主观信息估计参数的可能性分布的方法,并在模糊理论的运算法则下进行不确定性传播,计算结构失效可能性[96]。Penmetsa 等人研究了用模糊变量对参数认知不确定性进行建模时不确定性的传播问题。他借助区间分析的方法,在模糊变量的隶属度函数的每一个 α 截集上开展区间分析,得到模型响应的隶属度函数,并进一步得到故障可能性[97]。这个方法被应用于机翼结构频率响应的故障可能性评估中。

1.4.6　考虑认知不确定性的可靠性度量存在的问题

上述四种可靠性理论虽然能够解决某些认知不确定性的量化和可靠性度量、分析与设计问题,但是它们仍然存在着各种理论缺陷。

非客观概率可靠性理论(主观概率可靠性理论、证据可靠性理论及区间可靠性理论)对于可靠性度量的目标是获得一个故障概率或可靠度的分布或区间,而非精确的概率值,因此又被称为非精确概率可靠性理论。对于这类可靠性理论,当开展由单元到系统的可靠性分析时,通常存在过度放大认知不确定性影响而使得系统可靠性指标过于保守的问题。这里用一个例子说明。

例 1.1:考虑一个包含 30 个独立单元的串联系统,假设每个单元的可靠度区间都是[0.9,1]。那么,根据概率论的运算法则,系统的可靠度区间为$[0.9^{30},1^{30}]=[0.04,1]$。系统的可靠度区间几乎覆盖了从 0 到 1 的所有可能。

显然,这个区间并不能表达系统实际受到的不确定性影响。在实践中,这种过于宽泛的区间估计是不可用的,它基本不能提供任何有效的信息。因此,主观概率可靠性理论、证据可靠性理论及区间可靠性理论仅适用于单元或者简单系统的可靠性分析。

对模糊可靠性理论而言,由于其理论基础是可能性理论,因此可靠度和不可靠度之和不为 1。这里同样用一个例子来说明。

例 1.2:假设事件 $\Lambda_1 = \{$系统工作$\}$,事件 $\Lambda_2 = \{$系统故障$\}$。显然,全集为 $\Gamma = \Lambda_1 \cup \Lambda_2$。根据可能性理论,可靠度为 $R_{pos} = \Pi(\Lambda_1)$,不可靠度为 $\overline{R}_{pos} = \Pi(\Lambda_2)$。由于全集的可能性测度为 $\Pi(\Gamma) = \Pi(\Lambda_1 \cup \Lambda_2) = \max\{\Pi(\Lambda_1), \Pi(\Lambda_2)\} = \max\{R_{pos}, \overline{R}_{pos}\} = 1$。因此可以得到:如果一个系统的能双可靠度为 0.8,那么其能双不可靠度必为 1;反之如果能双不可靠度为 0.2,那么能双可靠度必为 1。因此在工程实践中,使用能双可靠度进行交流就会遇到问题。假设一个场景,产品设计人员要向决策者汇报产品的可靠度,那么产品设计人员会告诉决策者:这款产品的可靠度为 0.8,不可靠度为 1,你来决策能不能进行生产和上市吧!

经过上述分析可以看出,主观概率可靠度、证据可靠度、区间可靠度和模糊可靠度均存在着天生的缺陷,不能满足可靠性实践的需求,造成这一问题的根本原因是这些可靠性度量均没有像可靠性概率度量那样建立在坚实的概率论公理系统之上,要么是借助概率的概念对各种现实问题做某种折衷处理,要么是所提出的公理系统在可靠性实践中难以自洽。

那么,可靠性实践究竟需要什么样的可靠性度量呢?

1.5　可靠性科学的理论话语

1.5.1　可靠性度量的合法性准则

随着可靠性理论与实践的发展,人们意识到可靠性科学对确定性与不确定性的认识,必须从客体和主体的双重视角加以审视。事实证明,使用概率可靠度处理可靠性实践中的不确定性时存在以下两点不足:一是不加区分地笼统谈论不确定性,使不确定性抽象化,片面追求不确定性的概率解释;二是过分注重客体世界的随机不确定性而忽视主体产生的认知不确定性。这是因为概率可靠度没有很好地把握不确定性生成的内在机理,特别是没有考虑主体自身的认知不确定性。近些年来,虽然人们在认知不确定性量化和相关可靠性度量理论方面做了众多尝试,但仍然无法完全满足可靠性实践对于可靠性科学的需求。

那么什么样的可靠性度量能够更好地服务可靠性实践呢？在本书中，我们尝试提出可靠性度量的四个方面的准则，以作为判断某种可靠性度量合法性的依据：

（1）规范性准则：可靠性度量在数学上和逻辑上应当是自洽的，即可靠度与不可靠度之和应为 1。

（2）慢衰性准则：可靠性度量应用于具有层次结构的客体时应当是慢衰的，即从部分到整体的可靠性度量不应过快衰减，以防止得到过于保守而无实践意义的度量结果。

（3）可控性准则：可靠性度量应用于客体时应保证影响客体可靠性的要素是可控的，调节这些可控要素可以得到预期的可靠性度量。

（4）融合性准则：可靠性度量应该兼容随机不确定性度量、认知不确定性度量以及二者的混合度量。

1.5.2　可靠性的科学原理

20 世纪以来，可靠性由提出到发展，由学科建设到进行科学建构，始终围绕着对确定性规律探索的不断精进和对不确定性认识的不断深化。伴随着这一进程，可靠性科学的内涵逐渐丰富，话语逐渐充实，可靠性的科学原理也逐渐形成。

可靠性是客体（产品）在规定条件下规定时间内完成规定功能的能力，要把握这个能力，需要从把握客体（产品）的性能入手，因为性能是客体（产品）功能的内在基础，功能是客体（产品）性能的实践外化。客体（产品）功能反映了人对客体（产品）的需求，可以通过某个或某些特定的性能参数进行刻画，而客体（产品）是否能够完成规定功能又取决于人们为功能留出多少性能裕量。因此可靠性科学最基本的原理有：

原理一　裕量可靠原理：客体的性能裕量决定着客体的可靠程度；

原理二　退化永恒原理：客体的性能沿着退化时矢进行不可逆退化[①]；

原理三　不确定原理：客体的性能裕量和退化过程是不确定的。

上述三个原理，我们可以用以下三个方程来表述：

$$裕量可靠原理——裕量方程：\quad M=G(P,P_{th})>0$$
$$退化永恒原理——退化方程：\quad P=F(X,Y,\vec{T})$$
$$不确定原理——度量方程：\quad R=\mu(\widetilde{M}>0)$$

这三个方程构成了可靠性科学最基本的理论话语[3]。其中，裕量方程对应

---

① 原理一在文献[98]中表述为渐进退化原理。

26

着裕量可靠原理,它描述了客体(产品)性能裕量的大小和故障的判据。在裕量方程中,性能阈值 P_{th} 描述了主体(人)对客体(产品)规定功能的要求,所以性能裕量本质上就是性能参数 P 与性能阈值 P_{th} 之间的某种距离。我们将普遍意义的性能裕量 M 作为客体(产品)可靠的基础,$M>0$ 就意味着客体(产品)是可靠的。因此,这个方程起到了从性能方程到可靠性度量之间的桥梁作用。

退化方程对应着退化永恒原理,它描述了客体(产品)确定性的退化规律。该方程中,客体(产品)性能参数向量 P 是系统内在属性 X(如尺寸、材料等)、系统外在属性 Y(如工作应力、环境应力等)、时间 $\vec{T}$ 的函数。需要特别指出的是:时间 $\vec{T}$ 在这里是退化时矢[98],$\vec{T}$ 上的箭头(在不产生误解的情况下,使用时不需特别使用该箭头)表示时间具有方向性,因此性能的退化是一个不可逆的过程,这是可靠性科学与电学、机械学等其他学科的本质区别。

度量方程对应着不确定原理,它描述了我们对于裕量方程和退化方程中不确定性的量化。这里的不确定性包括以下三个方面:一是退化方程中的内在属性 X 和外在属性 Y 等参数存在着不确定性(随机和认知不确定性);二是退化方程在退化时矢 $\vec{T}$ 上存在着不确定性(认知不确定性);三是裕量方程中的性能阈值 P_{th} 存在着不确定性(随机和认知不确定性)。我们可以用具有不确定性的变量或不确定性因子来描述这三方面意义的不确定性,并最后统一体现在 $\widetilde{M}$ 上。在度量方程中,用某种数学测度 μ 来度量考虑了上述三个方面不确定性的性能裕量大于 0(即 $\widetilde{M}>0$)这一事件,从而给出客体(产品)的可靠度 R。

作为可靠性科学最基本的理论阐释,三个基本原理与三个方程从科学角度阐释了客体(产品)功能可靠的根本原因和内在机制,实现了可靠性度量对客体(产品)内在属性和外在属性的可控表达。需要指出的是,在三个基本原理和三个方程中,确定性和不确定性始终贯穿其中。裕量可靠原理和退化永恒原理是客体(产品)确定性的物理规律,这种规律通过裕量方程和退化方程中各属性之间的数学关系表征;不确定原理阐发了客体(产品)本身及主体(人)两方面的不确定性,通过度量方程中的不确定性描述和测度,实现了基于确定性规律的不确定程度的量化。可靠性实践可以在这三个可靠性科学原理的指导下,结合裕量方程、退化方程和度量方程,通过控制客体(产品)内在属性、外在属性、性能阈值的不确定性特征,不断实现对确定性的优化和对不确定性的控制。

1.6　本书的基本内容及结构

针对现有的可靠性度量在实践中存在的诸多问题,以及可靠性科学理论与方法构建的迫切需求,探索一种更科学、更全面的可靠性理论与方法来更好地服务于可靠性实践至关重要。在这样的现实背景下,确信可靠性理论应运而生。

本书在充分考量客体随机不确定性和主体认知不确定性的基础上,尝试建构符合可靠性科学发展诉求及满足可靠性度量合法性准则的确信可靠性理论。基于可靠性科学的理论话语体系,确信可靠性理论试图提出新的数学测度来度量可靠性,并从裕量-退化-度量的关系入手,构建确信可靠性度量框架。确信可靠性理论是对经典的基于概率论的可靠性理论的完善和发展,也是对各类考虑认知不确定性的可靠性度量的超越。

本书第2章至第7章是对确信可靠性理论与方法的系统阐述,其基本内容及结构如图1.2所示,具体如下:

第2章介绍了确信可靠性度量的理论基础。不确定理论是与概率论平行的一套公理化数学理论,能够更好地描述涉及认知不确定性的问题。机会理论可以认为是不确定理论和概率论的混合,能够用来描述同时存在随机不确定性和认知不确定性的问题。概率论、不确定理论和机会理论共同组成了确信可靠性度量的数学理论基础。由于在可靠性理论中,概率论已经为人们所熟知,因此本章将主要对不确定理论和机会理论进行介绍。

第3章给出确信可靠性度量的定义与内涵。本章基于概率论、不确定理论和机会理论,详细阐述确信可靠度的定义和内涵,引出不确定随机系统的概念并从性能裕量和故障时间两个方面入手,构建确信可靠性度量框架。在确信可靠度的基础上,本章将构建确信可靠性指标体系,从而能够从不同维度、更为全面地对产品确信可靠性进行度量。

第4章和第5章主要讨论确信可靠性的建模与分析方法。确信可靠性建模与分析是指对给定的单元或系统建立可靠性模型,并分析计算确信可靠性指标的过程。第4章主要关注单元层级的确信可靠性建模与分析方法;第5章则主要关注系统层级的确信可靠性建模与分析方法。

第6章研究存在认知不确定性的情况下确信可靠性设计与优化问题。本章首先介绍了一种通用的优化方法——不确定数据包络分析;然后以不确定环境下的可修系统备件优化问题为出发点,从备件品种优化、备件数量优化两个方面建立备件优化模型,为确信可靠性理论解决可靠性优化问题提供理论参考与指导。

第7章研究确信可靠性理论在加速退化试验中的应用。本章首先简要介绍了不确定过程;然后在确信可靠性理论的框架下,构建了考虑时间维度性能检测次数不足导致认知不确定性的加速退化模型,通过不确定统计分析,实现对确信可靠度和确信可靠寿命的评估;最后,利用实际的加速退化案例说明该方法的优势。

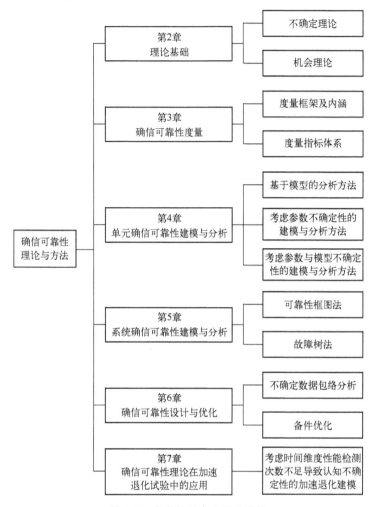

图 1.2　本书的基本内容及结构

　　经过上述几章的探讨,本书较为完整地构建了确信可靠性理论框架和方法体系。该理论能够很好地满足可靠性科学的发展需求,能够更好地解决可靠性实践中的度量、分析、设计等基本问题,在理论上和应用上都具有重要价值。

参考文献

[1]　中国人民解放军总装备部．可靠性维修性保障性术语:GJB 451A—2005 [S]．北京:中国人民解放军总装备部,2005.

[2]　中华人民共和国国家质量监督检验检疫总局,中国国家标准化管理委员会．电工术语可信性与服务质量:GB/T 2900.13—2008 [S]．北京:中国标准出版社,2008.

[3]　ZHANG J T,ZHANG Q Y,KANG R. Reliability is a science:A philosophical analysis of its

validity[J]. Applied Stochastic Models in Business and Industry,2019,35(2):1-3.

[4]　KIUREGHIAN A D,DITLEVSEN O. Aleatory or epistemic? Does it matter? [J]. Structural Safety,2009,31(2):105-112.

[5]　PATÉ-CORNELL M E. Uncertainties in risk analysis:Six levels of treatment[J]. Reliability Engineering & Systems Safety,1996,54(2):95-111.

[6]　KOLMOGOROFF A N. Grundbegriffe der Wahrscheinlichkeitsrechnung[J]. Ergebnisse Der Mathematik Und Ihrer Grenzgebiete,1933,44(1):A10-A11.

[7]　DAEVALE J. Basics of traditional reliability [EB/OL]. [2019 - 10 - 26] http://users. ece. cmu. edu/~koopman/ des_s99/traditional_reliability/presentation. pdf.

[8]　MCLINN J. A short history of reliability[J]. Journal of Reliability Data Analysis Center,2011,2011(1):8-15.

[9]　BAZOVSKY I. Reliability theory and practice [M]. New York:Dover Publications,INC.,1961.

[10]　COPPOLA A. Reliability engineering of electronic equipment a historical perspective[J]. IEEE Transactions on Reliability,1984,R-33(1):29-35.

[11]　US Office of the Assistant Secretary of Defense. Reliability of Military Electronic Equipment [R]. Advisory Group on Reliability of Electronic Equipment(AGREE),1957.

[12]　曾声奎. 可靠性设计分析基础[M]. 北京:北京航空航天大学出版社,2015.

[13]　DODSON G A,HOWARD B T. High stress aging to failure of semiconductor devices[C]. 7th ed. Symposium on Reliability and Quality Control in Electronics,USA,1961.

[14]　康锐. 可靠性维修性保障性工程基础[M]. 北京:国防工业出版社,2012.

[15]　EPSTEIN B,SOBEL M. Life Testing[J]. Journal of the American Statistical Association,1953,48(263):486-502.

[16]　EPSTEIN B. Truncated Life Tests in the Exponential Case[J]. Annals of Mathematical Statistics,1954,25(3):555-564.

[17]　DENSON W. The history of reliability prediction[J]. IEEE Transactions on Reliability,1998,47(3):SP321-SP328.

[18]　CHATTERJEE K,MODARRES M,BERNSTEIN J B,et al. Celebrating fifty years of Physics of Failure[C]. Annual Reliability and Maintainability Symposium(RAMS),Orlando,FL,USA,2013.

[19]　PECHT M,DASGUPTA A. Physics-of-Failure:An Approach to Reliable Product Development[C]. International Integrated Reliability Workshop. IEEE,1995.

[20]　BERNSTEIN J B,GURFINKEL M,LI X,et al. Electronic circuit reliability modeling[J]. Microelectronics Reliability,2006,46(12):1957-1979.

[21]　ALEXANIAN I T,BRODIE D E. A Method for Estimating the Reliability of ICS[J]. IEEE Transactions on Reliability,1978,R-26(5):359-361.

[22]　KAWAKUBO Y,MIYAZAWA S,NAGATA K,et al. Wear life prediction of contact recording head[J]. IEEE Transactions on Magnetics,2003,39(2):888-892.

[23] CHEN Y,XIE L M,KANG R. Reliability prediction of single-board computer based on physics of failure method[C]. Industrial Electronics and Applications(ICIEA),2011 6th IEEE Conference on,2011.

[24] CHOOKAH M,NUHI M,MODARRES M. A probabilistic physics-of-failure model for prognostic health management of structures subject to pitting and corrosion-fatigue[J]. Reliability Engineering & System Safety,2011,96(12):1601-1610.

[25] CHEN Y,YANG L,YE C,et al. Failure mechanism dependence and reliability evaluation of non-repairable system[J]. Reliability Engineering & System Safety,2015,138:273-283.

[26] PECHT M,DASGUPTA A,BARKER D,et al. The reliability physics approach to failure prediction modelling[J]. Quality & Reliability Engineering International,2010,6(4):267-273.

[27] WILLIAMS R L,GATELEY W Y. GO methodology-Overview:EPRI-NP-765[R]. Kaman Sciences Corporation,1978.

[28] WILLIAMS R L,GATELEY W Y. GO methodology-System reliability assessment and computer code manual:EPRI-NP-766[R]. Kaman Sciences Corporation,1978.

[29] LEE W S, GROSH D L, TILLMAN F A, et al. Fault tree analysis, methods, and applications:A review[J]. IEEE Transactions on Reliability,2009,R-34(3):194-203.

[30] FUSSELL J B,VESELY W E. A new methodology for obtaining cut sets for fault trees[J]. Transactions of the American Nuclear Society,1972,15(1):9.

[31] VOLKANOVSKI A,ČEPIN M,MAVKO B. Application of the fault tree analysis for assessment of power system reliability[J]. Reliability Engineering & System Safety,2009,94(6):1116-1127.

[32] WANG J,WANG F,CHEN S Q,et al. Fault-tree-based instantaneous risk computing core in nuclear power plant risk monitor[J]. Annals of Nuclear Energy,2016,95:35-41.

[33] MIL-HDBK-217F Reliability prediction of electronic equipment [S]. Washington DC,1991.

[34] 付桂翠,陈颖,张素娟,等. 电子元器件可靠性技术教程[M]. 北京:北京航空航天大学出版社,2010.

[35] VERWEIJ J F,KLOOTWIJK J H. Dielectric breakdown I:A review of oxide breakdown[J]. Microelectronics Reliability,1996,27(7):611-623.

[36] 高社生,张玲霞. 可靠性理论与工程应用[M]. 北京:国防工业出版社,2002.

[37] MAYER H. Die Sicherheit der Bauwerke[M]. Berlin:Springer,1926.

[38] FREUDENTHAL A M. The safety of structures[J]. Transactions of the American Society of Civil Engineers,1947,1(112):125-159.

[39] 芮延年,傅戈雁. 现代可靠性设计[M]. 北京:国防工业出版社,2007.

[40] 胡昌寿. 可靠性工程——设计、试验、分析、管理[M]. 北京:宇航出版社,1988.

[41] 惠卓. 土木工程载荷与可靠性设计[M]. 武汉:华中科技大学出版社,2012.

[42] KANG R, ZHANG Q Y, ZENG Z G, et al. Measuring reliability under epistemic

uncertainty:Review on non-probabilistic reliability metrics[J]. Chinese Journal of Aeronautics,2016,29(3):571-579.

[43] DE FINETTI B. Fondamenti logici del ragionamento probabilistico[M]. Italy:Bollettino dell' Unione Matematica Italiana,1930.

[44] RAMSEY F. The Foundations of Mathematics and Other Logical Essays[M]. London:Routledge & Kegan Paul,1931.

[45] LINDLY D V. Understanding Uncertainty[M]. London:John Wiley & Sons,2013.

[46] HAMADA M S,WILSON A G,REESE C S,et al. Bayesian Reliability[M]. New York:Springer,2008.

[47] TILLMAN F A,KUO W,HWANG C L,et al. Bayesian Reliability & Availability-A Review[J]. IEEE Transactions on Reliability,2009,R-31(4):362-372.

[48] DER KIUREGHIAN A. Analysis of structural reliability under parameter uncertainties[J]. Probabilistic Engineering Mechanics,2008,23(4):351-358.

[49] 吕大刚,宋鹏彦,王光远. 考虑统计不确定性的结构可靠度分析方法[J]. 哈尔滨工业大学学报,2011,43(08):11-15,20.

[50] SANKARARAMAN S,MAHADEVAN S. Separating the contributions of variability and parameter uncertainty in probability distributions[J]. Reliability Engineering & System Safety,2013,112:187-199.

[51] WANG P F,YOUN B D,XI Z M,et al. Bayesian Reliability Analysis With Evolving,Insufficient,and Subjective Data Sets[J]. Journal of mechanical Design,2009,131(11):111008.

[52] SHAFER G. A mathematical theory of evidence[M]. Princeton:Princeton University Press,1976.

[53] 锁斌. 基于证据理论的不确定性量化方法及其在可靠性工程中的应用研究[D]. 中国工程物理研究院,2012.

[54] 秦良娟. 证据理论在复杂系统可靠性评价中的应用[J]. 西安交通大学学报,1998(08):102-105.

[55] MOURELATOS Z P,ZHOU J. A design optimization method using evidence theory[J]. Journal of Mechanical Design,2006,128(4):901-908.

[56] BAE H R,GRANDHI R V,CANFIELD R A. Epistemic uncertainty quantification techniques including evidence theory for large-scale structures[J]. Computers & Structures,2004,82(13-14):1101-1112.

[57] 郭惠昕,夏力农,戴娟. 基于证据理论的结构失效概率计算方法[J]. 应用基础与工程科学学报,2008(03):457-464.

[58] BAE H R,GRANDHI R V,CANFIELD R A. An approximation approach for uncertainty quantification using evidence theory[J]. Reliability Engineering & System Safety,2004,86(3):215-225.

[59] 姜潮,张哲,韩旭,等. 一种基于证据理论的结构可靠性分析方法[J]. 力学学报,2013,45(01):103-115.

[60] JIANG C,ZHANG Z,HAN X,et al. A novel evidence-theory-based reliability analysis method for structures with epistemic uncertainty[J]. Computers & Structures,2013,129(4):1-12.

[61] MCGILL W L,AYYUB B M. Estimating parameter distributions in structural reliability assessment using the Transferable Belief Model[J]. Computers & Structures,2008,86(10):1052-1060.

[62] MOORE R E. Interval analysis[M]. Englewood Cliffs:Prentice-Hall,Inc.,1966.

[63] 邱志平,王晓军,马一. 处理不确定问题的新方法——非概率区间分析模型:力学史与方法论论文集[C]. 北京:力学史与方法论学术研讨会,2003.

[64] ZHANG Q Y,ZENG Z G,ZIO E,et al. Probability box as a tool to model and control the effect of epistemic uncertainty in multiple dependent competing failure processes[J]. Applied Soft Computing,2017,56:570-579.

[65] BEN-HAIM Y,ELISHAKOFF I. Discussion on:A non-probabilistic concept of reliability[J]. Structural Safety,1995,17(3):195-199.

[66] 王晓军,邱志平,武哲. 结构非概率集合可靠性模型[J]. 力学学报,2007(05):641-646.

[67] 王睿星,王晓军,王磊,等. 几种结构非概率可靠性模型的比较研究[J]. 应用数学和力学,2013,34(08):871-880.

[68] WANG X J,ELISHAKOFF I,QIU Z P. Experimental data have to decide which of the non-probabilistic uncertainty descriptions-convex modeling or interval analysis-to utilize[J]. Journal of Applied Mechanics-Transactions of the ASME,2008,75(4):699-703.

[69] WANG X J,ELISHAKOFF I,QIU Z P,et al. Non-probabilistic methods for natural frequency and buckling load of composite plate based on the experimental data[J]. Mechanics Based Design of Structures and Machines,2011,39(1):83-99.

[70] QIU Z P,YANG D,ELISHAKOFF I. Probabilistic interval reliability of structural systems[J]. International Journal of Solids and Structures,2008,45(10):2850-2860.

[71] QIU Z P,WANG X J. Solution theorems for the standard eigenvalue problem of structures with uncertain-but-bounded parameters[J]. Journal of Sound & Vibration,2005,282(1-2):381-399.

[72] QIU Z P,WANG X J,CHEN J Y. Exact bounds for the static response set of structures with uncertain-but-bounded parameters[J]. International Journal of Solids & Structures,2006,43(21):6574-6593.

[73] ZHANG H,MULLEN R L,MUHANNA R L. Interval Monte Carlo methods for structural reliability[J]. Structural Safety,2010,32(3):183-190.

[74] FERSON S,GINZBURG L R. Different methods are needed to propagate ignorance and variability[J]. Reliability Engineering and System Safety,1996,54(2):133-144.

[75] KARANKI D R,KUSHWAHA H S,VERMA A K,et al. Uncertainty Analysis Based on Probability Bounds(P-Box) Approach in Probabilistic Safety Assessment[J]. Risk Analy-

sis,2009,29(5):662-675.

[76] ZHANG H. Interval importance sampling method for finite element-based structural reliability assessment under parameter uncertainties[J]. STRUCTURAL SAFETY, 2012, 38: 1-10.

[77] ZHANG H,DAI H Z,BEER M,et al. Structural reliability analysis on the basis of small samples:An interval quasi-Monte Carlo method[J]. Mechanical Systems And Signal Processing,2013,37(1-2SI):137-151.

[78] ZADEH L A. Fuzzy sets[J]. Information & Control,1965,8(3):338-353.

[79] ZADEH L A. Fuzzy sets as a basis for a theory of possibility[J]. Fuzzy Sets and Systems, 1999,1999(100):9-34.

[80] BLOCKLEY D I. The role of fuzzy sets in civil engineering[J]. Fuzzy Sets and Systems, 1979,2(4):267-278.

[81] BLOCKLEY D I. Analysis of structural failures[J]. Proc Inst Civ Eng, 1977, 62(1): 51-74.

[82] HOFFMAN L J,MICHELMAN E H,CLEMENTS D. Securate - Security evaluation and analysis using fuzzy metrics[Z]. 1970.

[83] 蔡开元. 模糊可靠性研究[D]. 北京:北京航空航天大学,1990.

[84] CAI K Y,WEN C Y,ZHANG M L. Fuzzy variables as a basis for a theory of fuzzy reliability in the possibility context[J]. Fuzzy sets and systems,1991,2(42):145-172.

[85] CAI K Y,WEN C Y,ZHANG M L. Posbist reliability behavior of typical systems with two types of failure[J]. Fuzzy Sets and Systems,1991,43(1):17-32.

[86] CAI K Y,WEN C Y,ZHANG M L. Posbist reliability behavior of fault-tolerant systems[J]. Microelectron Reliability,1995,35(1):49-56.

[87] UTKIN L V. Fuzzy reliability of repairable systems in the possibility context[J].Microelectronics reliability,1994,34(12):1865-1876.

[88] DE COOMAN G. On modeling possibilistic uncertainty in two-state reliability theory[J]. Fuzzy Sets and Systems,1996,83(2):215-238.

[89] UTKIN L V,GUROV S V. A general formal approach for fuzzy reliability analysis in the possibility context[J]. Fuzzy Sets and Systems,1996,2(83):203-213.

[90] OUSSALAH M,NEWBY M. Analysis of serial - parallel systems in the framework of fuzzy/possibility approach. Part I. Appraisal:case of independent components[J].Reliability Engineering and System Safety,2003,79(3):353-368.

[91] 何俐萍. 基于可能性度量的机械系统可靠性分析和评价[D]. 辽宁:大连理工大学,2010.

[92] HE L P,XIAO J,HUANG H Z,et al. System reliability modeling and analysis in the possibility context[C]. 2012 International Conference on Quality,Reliability,Risk,Maintenance and Safety Engineering,Chengdu,China,2012.

[93] HUANG H Z,LI Y,LIU Y. Posbist Reliability Theory of k-out-of-n:G System[J]. Journal

of Multi-Valued Logic & Soft Computing,2010,16(1):45-63.

[94]　BHATTACHARJEE S,NANDA A K,ALAM S S. Study on Posbist Systems[J].International Journal of Quality,Statistics,and Reliability,2012,2012:1-7.

[95]　CREMONA C, GAO Y. The possibilistic reliability theory: theoretical aspects and applications[J]. Structural Safety,1997,19(2):173-201.

[96]　MOLLER B,BEER M,GRAF W, et al. Possibility Theory Based Safety Assessment[J]. Computer-Aided Civil and Infrastructure Engineering,1999,1999(14):81-91.

[97]　PENMETSA R C,GRANDHI R V. Uncertainty Propagation Using Possibility Theory and Function Approximations[J]. Mechanics Based Design of Structures and Machines,2003, 31(2):257-279.

[98]　ROCCHI P. Reliability is a new science - Gnedenko was right[M]. Switzerland:Springer, 2017.

第 2 章

理 论 基 础

确信可靠性理论是以概率论、不确定理论和机会理论三大数学理论为基础的一套新的可靠性理论。在确信可靠性理论中,我们用概率论来描述随机不确定性,用不确定理论来描述认知不确定性,用机会理论来描述随机不确定性和认知不确定性同时存在的混和不确定性。为了更好地阐述确信可靠性理论中的相关问题,本章将从测度、变量、运算法则等方面分别介绍不确定理论和机会理论。

2.1 不确定理论

不确定理论由刘宝碇于 2007 年提出,是公理化数学的一个新的分支[1]。不确定理论在提出后,受到了学术界的广泛关注,目前已经被应用于金融、控制、风险分析、决策论等领域,也被认为是描述认知(主观)不确定性的更为合理的数学系统。本节将首先介绍不确定测度的概念,并进而讨论不确定变量的定义、分布、运算法则等概念。

2.1.1 可测空间

从数学的角度来看,不确定理论属于广义测度理论的特殊情况。因此,不确定理论应该起始于一个可测空间。为了更好地介绍不确定理论,首先介绍几个重要概念:代数(Algebra)、σ-代数、可测集(Measurable set)、Borel 代数(Borel algebra)、Borel 集(Borel set)、可测函数(Measurable function)以及事件(Event)。这一节的内容在经典的数学教材中均有涉猎,因此我们不提供相关的参考文献。

定义 2.1(代数和 σ-代数) 令 Γ 为一非空集合(有时被称作全集)。若由 Γ 的子集构成的集类(Collection)$\mathcal{L}$ 满足下述条件,则称 $\mathcal{L}$ 是 Γ 上的一个代数:

(a) $\Gamma \in \mathcal{L}$;

(b) 若 $\Lambda \in \mathcal{L}$，则 $\Lambda^c \in \mathcal{L}$；

(c) 若 $\Lambda_1, \Lambda_2, \cdots, \Lambda_n \in \mathcal{L}$，则有 $\bigcup\limits_{i=1}^{n} \Lambda_i \in \mathcal{L}$。

当条件(c)更改为 $\mathcal{L}$ 对可列个集合的并集运算封闭，即若 $\Lambda_1, \Lambda_2, \cdots \in \mathcal{L}$，则有 $\bigcup\limits_{i=1}^{\infty} \Lambda_i \in \mathcal{L}$，则称 $\mathcal{L}$ 是 Γ 上的一个 σ-代数。

例 2.1：集类 $\{\varnothing, \Gamma\}$ 是 Γ 上最小的 σ-代数，而 Γ 的幂集(即 Γ 的所有子集组成的集合)是 Γ 上最大的 σ-代数。

例 2.2：令 Λ 是 Γ 的一个非空子集，则 $\{\varnothing, \Lambda, \Lambda^c, \Gamma\}$ 是 Γ 上的一个 σ-代数。

例 2.3：令 $\mathcal{L}$ 表示所有满足 $(-\infty, a]$，$(a, b]$，$(b, +\infty)$，$\varnothing$ 形式的区间进行有限次不交并集运算生成的集合构成的集类，则 $\mathcal{L}$ 是 $\mathbf{R}$ 上的一个代数，但不是 σ-代数。这是因为，对于任意的 i，$\Lambda_i = (0, (i-1)/i] \in \mathcal{L}$ 均成立，但是

$$\bigcup_{i=1}^{\infty} \Lambda_i = (0, 1) \notin \mathcal{L}$$

定义 2.2(可测空间和可测集)　令 Γ 为一非空集合，且 $\mathcal{L}$ 为 Γ 上的一个 σ-代数，则二元组 $(\Gamma, \mathcal{L})$ 被称为一个可测空间，$\mathcal{L}$ 的任意元素被称作一个可测集。

例 2.4：令 $\mathbf{R}$ 表示实数集，$\mathcal{L} = \{\varnothing, \mathbf{R}\}$ 是 $\mathbf{R}$ 上的一个 σ-代数，因此，$(\mathbf{R}, \mathcal{L})$ 构成一个可测空间。需要注意的是，在这个可测空间里，只有两个可测集：$\varnothing$ 与 $\mathbf{R}$。

例 2.5：令 $\Gamma = \{a, b, c\}$，则 $\mathcal{L} = \{\varnothing, \{a\}, \{b, c\}, \Gamma\}$ 是 Γ 上的一个 σ-代数，因此，$(\Gamma, \mathcal{L})$ 构成一个可测空间。需要指出的是，集合 $\{a\}$ 与 $\{b, c\}$ 都是这个可测空间里的可测集，但是集合 $\{b\}$、$\{c\}$、$\{a, b\}$、$\{a, c\}$ 等都不是。

定义 2.3(Borel 代数和 Borel 集)　包含所有开区间的最小 σ-代数 $\mathcal{B}$ 被称作实数集上的 Borel 代数，Borel 代数 $\mathcal{B}$ 中的元素被称作 Borel 集。

例 2.6：可以证明，区间、开集、闭集、有理数集、无理数集都是 Borel 集。

定义 2.4(可测函数)　若从可测空间 $(\Gamma, \mathcal{L})$ 映射到实数集的函数 f 满足下列条件时，我们称 f 是可测的：对于由实数构成的任意 Borel 集 B，均有

$$f^{-1}(B) = \{\gamma \in \Gamma \mid f(\gamma) \in B\} \in \mathcal{L}$$

可以证明，连续函数与单调函数都是可测函数。除此之外，假设 $f_1, f_2, \cdots$ 是一列可测函数，那么下列函数都是可测的：

$$\sup_{1 \leq i < \infty} f_i(\gamma); \ \inf_{1 \leq i < \infty} f_i(\gamma); \ \lim_{i \to \infty} \sup f_i(\gamma); \ \lim_{i \to \infty} \inf_{1 \leq i < \infty} f_i(\gamma)$$

特别地，如果对于所有的 γ，极限 $\lim_{i \to \infty} f_i(\gamma)$ 都存在，那么这一极限也是一个可测函数。

对于存在不确定性的现象,可能出现的每一种结果被称为一个基本事件,记为 γ,所有基本事件构成全集 Γ,可测空间 $(\Gamma,\mathcal{L})$ 则描述了不确定现象可能出现的所有结果。在实际应用中,我们往往不仅关注基本事件本身,还关注由基本事件的交、并、补等运算构成的事件。例如,对于一场足球比赛的结果这一不确定现象,共有三个基本事件,分别为主队胜、两队打平和主队败,而我们可能会关注"主队不败""主队不胜"等类似的事件。在可靠性领域,产品发生故障的时间存在不确定性,考虑这一问题时,如果我们令 T 表示故障时间,则基本事件由 $\{T\in\mathbf{R}^+\}$ 中的所有点构成,$T>100$ 则构成一个事件。容易验证,由于事件是由基本事件的交、并、补等运算构成的,它一定是某一个 σ-代数中的元素。换而言之,事件这一概念本质就是一个可测集合,是全集 Γ 上的 σ-代数 $\mathcal{L}$ 中的一个元素。

2.1.2 不确定测度

2.1.2.1 定义和性质

在不确定理论中,对于某一事件 Λ 的确信程度,用该事件的不确定测度来描述。不确定测度是从所有关心的事件构成的集合(即 σ-代数)$\mathcal{L}$ 到 $[0,1]$ 的一个实值函数,且满足规范性、对偶性、次可加性三条公理。

定义 2.5(不确定测度[1]) 设 Γ 是一个非空集合,$\mathcal{L}$ 是 Γ 上的一个 σ-代数,$\mathcal{L}$ 中的元素 Λ 被称为事件。不确定测度 $\mathcal{M}$ 是从 $\mathcal{L}$ 到 $[0,1]$ 的一个满足以下三条公理的集函数:

公理 2.1(规范性) 对于全集 Γ,有 $\mathcal{M}\{\Gamma\}=1$;

公理 2.2(对偶性) 对于任意事件 Λ,有 $\mathcal{M}\{\Lambda\}+\mathcal{M}\{\Lambda^c\}=1$;

公理 2.3(次可加性) 对于一列可数的事件序列 $\Lambda_1,\Lambda_2,\cdots$,有

$$\mathcal{M}\left\{\bigcup_{i=1}^{\infty}\Lambda_i\right\}\leqslant\sum_{i=1}^{\infty}\mathcal{M}\{\Lambda_i\}$$

定义 2.6(不确定空间) 设 Γ 是一个非空集合,$\mathcal{L}$ 是 Γ 上的一个 σ-代数,$\mathcal{M}$ 是不确定测度。将三元组 $(\Gamma,\mathcal{L},\mathcal{M})$ 称作一个不确定空间。

定理 2.1(单调性定理[1]) 不确定测度 $\mathcal{M}$ 是一个单调增的集函数。也就是说,对于任意的两个事件,如果 $\Lambda_1\subset\Lambda_2$,则有

$$\mathcal{M}\{\Lambda_1\}\leqslant\mathcal{M}\{\Lambda_2\}$$

证明: 由规范性公理可知,$\mathcal{M}\{\Gamma\}=1$,由对偶性公理可知,$\mathcal{M}\{\Lambda_1^c\}=1-\mathcal{M}\{\Lambda_1\}$。由于 $\Lambda_1\subset\Lambda_2$,我们有 $\Gamma=\Lambda_1^c\cup\Lambda_2$。于是,由次可加性公理可得

$$1=\mathcal{M}\{\Gamma\}\leqslant\mathcal{M}\{\Lambda_1^c\}+\mathcal{M}\{\Lambda_2\}=1-\mathcal{M}\{\Lambda_1\}+\mathcal{M}\{\Lambda_2\}$$

因此,$\mathcal{M}\{\Lambda_1\}\leqslant\mathcal{M}\{\Lambda_2\}$。

定理 2.2[1]　假设 $\mathcal{M}$ 是一个不确定测度,那么空集$\varnothing$的不确定测度是零。

$$\mathcal{M}\{\varnothing\}=0$$

证明:由于$\varnothing=\Gamma^c$且$\mathcal{M}\{\Gamma\}=1$,由对偶性公理可知

$$\mathcal{M}\{\varnothing\}=1-\mathcal{M}\{\Gamma\}=1-1=0$$

定理 2.3[1]　假设 $\mathcal{M}$ 是一个不确定测度,那么对任意的事件Λ,均有

$$0\leqslant\mathcal{M}\{\Lambda\}\leqslant1$$

证明:由于$\varnothing\subset\Lambda\subset\Gamma$,且$\mathcal{M}\{\varnothing\}=0$,$\mathcal{M}\{\Gamma\}=1$,由单调性定理可知$0\leqslant\mathcal{M}\{\Lambda\}\leqslant1$。

与频率不同,不确定测度反映的是人们对相应事件的主观确信程度,与人们的知识相关。如果人们对相应事件的知识发生了改变,不确定测度的取值也有可能发生改变。需要特别指出的是,虽然概率测度也满足以上三条公理,概率测度却不能够认为是不确定测度的一个特例。这是由于,乘积事件的概率测度并不满足不确定理论中的第四条公理:乘积公理。乘积事件的不确定测度将在下节详细介绍。

2.1.2.2　乘积不确定测度

为了研究乘积空间上的不确定测度,刘宝碇在 2009 年提出了乘积公理作为不确定理论的第四条公理[2]。在介绍乘积公理之前,我们首先介绍乘积σ-代数的概念。假设$(\Gamma_k,\mathcal{L}_k,\mathcal{M}_k)(k=1,2,\cdots)$是一列不确定空间。记$\Gamma=\Gamma_1\times\Gamma_2\times\cdots$,其中,符号"×"表示集合的笛卡儿积。集合$\Lambda=\Lambda_1\times\Lambda_2\times\cdots$被称作$\Gamma$上的一个可测矩形(Measurable rectangle),其中$\Lambda_k\in\mathcal{L}_k(k=1,2,\cdots)$。包含所有可测矩形的最小$\sigma$-代数被称作乘积$\sigma$-代数,记为$\mathcal{L}=\mathcal{L}_1\times\mathcal{L}_2\times\cdots$。

不确定理论的乘积公理规定了如何计算乘积σ-代数中事件的不确定测度。

公理 2.4(乘积公理)　令$(\Gamma_k,\mathcal{L}_k,\mathcal{M}_k)(k=1,2,\cdots)$为一列不确定空间,乘积$\sigma$-代数上的乘积不确定测度 $\mathcal{M}$ 满足

$$\mathcal{M}\left\{\prod_{k=1}^{\infty}\Lambda_k\right\}=\min_{k=1}^{\infty}\mathcal{M}_k\{\Lambda_k\}$$

乘积公理仅仅规定了如何计算乘积σ-代数中可测矩形的不确定测度。在许多实际问题中,我们感兴趣的乘积σ-代数中的事件无法仅用可测矩形表示,如图 2.1 所示。为了计算这一类事件的乘积不确定性测度,我们首先介绍不确定理论中的一个基本原理:最大不确定性原理。

当一个事件的不确定测度等于 1 时,这个事件的不确定性是最小的,因为我们可以确信这个事件必然会发生;同样的道理,当一个事件的不确定测度等于 0 时,这个事件的不确定性也是最小的,因为我们可以确信这个事件必然不会发生。在不确定理论中,当一个事件的不确定测度等于 0.5 时,我们认为这

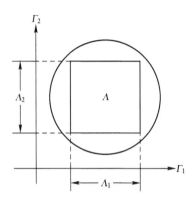

图 2.1 可测矩形与乘积 σ-代数中的事件

(Λ 是我们感兴趣的事件，$\Lambda_1 \times \Lambda_2$ 是一个可测矩形。

可以看出，这一乘积 σ-代数中的事件无法用可测矩形表示出来)

个事件的不确定性是最大的。这是由于，这个事件与其补事件的可能性是相等的。在不确定理论中，如果某一个事件的不确定测度存在多种可能的取值，我们规定，取最接近 0.5 的那个可能的取值作为该事件的不确定测度。这一原则即为最大不确定性原理。

依据最大不确定性原理，乘积 σ-代数中任意事件的不确定测度可以由下式确定[2]：

$$\mathcal{M}\{\Lambda\} = \begin{cases} \sup\limits_{\Lambda_1 \times \Lambda_2 \times \cdots \subset \Lambda} \min\limits_{1 \leqslant k < \infty} \mathcal{M}_k\{\Lambda_k\} & \left(\sup\limits_{\Lambda_1 \times \Lambda_2 \times \cdots \subset \Lambda} \min\limits_{1 \leqslant k < \infty} \mathcal{M}_k\{\Lambda_k\} > 0.5 \right) \\ 1 - \sup\limits_{\Lambda_1 \times \Lambda_2 \times \cdots \subset \Lambda^c} \min\limits_{1 \leqslant k < \infty} \mathcal{M}_k\{\Lambda_k\} & \left(\sup\limits_{\Lambda_1 \times \Lambda_2 \times \cdots \subset \Lambda^c} \min\limits_{1 \leqslant k < \infty} \mathcal{M}_k\{\Lambda_k\} > 0.5 \right) \\ 0.5 & \text{（其他）} \end{cases}$$

从上式中容易得知，事件 Λ 的不确定测度 $\mathcal{M}\{\Lambda\}$ 的取值必定落在区间 $[\sup_{\Lambda_1 \times \Lambda_2 \times \cdots \subset \Lambda} \min_{1 \leqslant k < \infty} \mathcal{M}_k\{\Lambda_k\}, 1 - \sup_{\Lambda_1 \times \Lambda_2 \times \cdots \subset \Lambda^c} \min_{1 \leqslant k < \infty} \mathcal{M}_k\{\Lambda_k\}]$ 中。当 $\sup_{\Lambda_1 \times \Lambda_2 \times \cdots \subset \Lambda} \min_{1 \leqslant k < \infty} \mathcal{M}_k\{\Lambda_k\} > 0.5$ 时，$\sup_{\Lambda_1 \times \Lambda_2 \times \cdots \subset \Lambda} \min_{1 \leqslant k < \infty} \mathcal{M}_k\{\Lambda_k\}$ 更加接近于 0.5，根据最大不确定性原理，我们有 $\mathcal{M}\{\Lambda\} = \sup_{\Lambda_1 \times \Lambda_2 \times \cdots \subset \Lambda} \min_{1 \leqslant k < \infty} \mathcal{M}_k\{\Lambda_k\}$。类似的，我们可以得到其他两种情况。

2.1.2.3 事件的独立性

定义 2.7[3] 当下述条件成立时，

$$\mathcal{M}\left\{ \bigcap_{i=1}^{n} \Lambda_i^* \right\} = \min_{i=1}^{n} \mathcal{M}\{\Lambda_i^*\}$$

事件 $\Lambda_1, \Lambda_2, \cdots, \Lambda_n$ 互相独立，其中，Λ_i^* 是从 $\{\Lambda_i, \Lambda_i^c, \Gamma\}$ $(i = 1, 2, \cdots, n)$ 中任意选取的事件，Γ 表示必然事件。

特别地，两个事件 Λ_1 与 Λ_2 是互相独立的，当且仅当下述四个条件均成立：

$$\mathcal{M}\{\varLambda_1 \cap \varLambda_2\} = \min\{\mathcal{M}\{\varLambda_1\}, \mathcal{M}\{\varLambda_2\}\}$$

$$\mathcal{M}\{\varLambda_1^c \cap \varLambda_2\} = \min\{\mathcal{M}\{\varLambda_1^c\}, \mathcal{M}\{\varLambda_2\}\}$$

$$\mathcal{M}\{\varLambda_1 \cap \varLambda_2^c\} = \min\{\mathcal{M}\{\varLambda_1\}, \mathcal{M}\{\varLambda_2^c\}\}$$

$$\mathcal{M}\{\varLambda_1^c \cap \varLambda_2^c\} = \min\{\mathcal{M}\{\varLambda_1^c\}, \mathcal{M}\{\varLambda_2^c\}\}$$

容易验证,不可能事件 $\varnothing$ 与任何事件 $\varLambda$ 都是互相独立,这是因为, $\varnothing^c = \varGamma$。并且

$$\mathcal{M}\{\varnothing \cap \varLambda\} = \mathcal{M}\{\varnothing\} = \min\{\mathcal{M}\{\varnothing\}, \mathcal{M}\{\varLambda\}\}$$

$$\mathcal{M}\{\varnothing^c \cap \varLambda\} = \mathcal{M}\{\varLambda\} = \min\{\mathcal{M}\{\varnothing^c\}, \mathcal{M}\{\varLambda\}\}$$

$$\mathcal{M}\{\varnothing \cap \varLambda^c\} = \mathcal{M}\{\varnothing\} = \min\{\mathcal{M}\{\varnothing\}, \mathcal{M}\{\varLambda^c\}\}$$

$$\mathcal{M}\{\varnothing^c \cap \varLambda^c\} = \mathcal{M}\{\varLambda^c\} = \min\{\mathcal{M}\{\varnothing^c\}, \mathcal{M}\{\varLambda^c\}\}$$

类似的,容易验证,必然事件 $\varGamma$ 与任何事件 $\varLambda$ 也是互相独立的。然而,一般而言,如果一个事件 $\varLambda$ 既不是必然事件,也不是不可能事件,那么这一事件与其补事件 $\varLambda^c$ 不是相互独立的,这是因为

$$\mathcal{M}\{\varLambda \cap \varLambda^c\} = \mathcal{M}\{\varnothing\} \neq \min\{\mathcal{M}\{\varLambda\}, \mathcal{M}\{\varLambda^c\}\}$$

关于事件的独立性,有以下两个重要结论,我们在此不加证明地加以引用,对证明感兴趣的读者可以参阅本章参考文献[3].

定理 2.4　事件 $\varLambda_1, \varLambda_2, \cdots, \varLambda_n$ 互相独立,当且仅当

$$\mathcal{M}\left\{\bigcup_{i=1}^{n} \varLambda_i^*\right\} = \bigvee_{i=1}^{n} \mathcal{M}\{\varLambda_i^*\}$$

其中, $\varLambda_i^*$ 是从 $\{\varLambda_i, \varLambda_i^c, \varnothing\}$ $(i=1,2,\cdots,n)$ 中任意选取的事件, $\varnothing$ 表示不可能事件。

定理 2.5　令 $(\varGamma_k, \mathcal{L}_k, \mathcal{M}_k)$ 表示不确定空间,且 $\varLambda_k \in \mathcal{L}_k (k=1,2,\cdots,n)$,则乘积不确定空间中的事件 $\varGamma_1 \times \cdots \times \varGamma_{k-1} \times \varLambda_k \times \varGamma_{k+1} \times \cdots \times \varGamma_n (k=1,2,\cdots,n)$ 总是互相独立的。也就是说,来自不同的不确定空间的事件 $\varLambda_1, \varLambda_2, \cdots, \varLambda_n$ 总是互相独立的。

2.1.3　不确定变量

2.1.3.1　定义及性质

不确定现象可能的结果 γ 形式各异,为了处理方便,我们通常引入不确定变量 ξ ,将这些可能的结果映射到实数域上。不确定变量 ξ 是一个从 $\varGamma$ 到实数域的实值函数:

定义 2.8(不确定变量[1])　设 ξ 是从不确定空间 $(\varGamma, \mathcal{L}, \mathcal{M})$ 到实数集 $\mathbf{R}$ 的一个函数,如果对于任意的 Borel 集 B ,集合

$$\{\xi \in B\} = \{\gamma \in \varGamma \mid \xi(\gamma) \in B\}$$

是一个事件,则称 ξ 是一个不确定变量。

定义不确定变量的目的是为了方便对不确定现象进行建模。例如,A、B 两队之间一场足球比赛的结果这一不确定现象具有三个基本事件,分别为"A 队胜"、"两队打平"以及"A 队负"。则不确定变量 ξ 可以为

$$\xi = \begin{cases} 3 & (\text{A 队获胜}) \\ 1 & (\text{两队打平}) \\ 0 & (\text{A 队失利}) \end{cases}$$

又例如,假设 $\Gamma = \{\gamma_1, \gamma_2\}$,且 $\mathcal{M}\{\gamma_1\} = \mathcal{M}\{\gamma_2\} = 0.5$,则函数

$$\xi(\gamma) = \begin{cases} 0 & (\gamma = \gamma_1) \\ 1 & (\gamma = \gamma_2) \end{cases}$$

是一个不确定变量。

定义了不确定变量 ξ 之后,事件 Λ 可以表示为 $\xi \in (a, b)$ 的形式,其中,(a, b) 是 ξ 值域内的一个区间。例如,在足球赛的例子中,$\xi < 3$ 表示"A 队负或两队打平"这一事件。

我们不加证明地引述下面的结论(对证明感兴趣的读者可以参考本章参考文献[4]):

定理 2.6[4] 令 $\xi_1, \xi_2, \cdots, \xi_n$ 是不确定变量,f 是一个实值函数,则 $f(\xi_1, \xi_2, \cdots, \xi_n)$ 是一个不确定变量。

该定理说明了不确定变量的函数仍然是一个不确定变量,这是不确定变量的一个重要性质,在不确定理论中也具有重要地位。

2.1.3.2 不确定分布

对于任意给定的实数 $x, \xi \leq x$ 是一个事件,我们把函数 $\Phi(x) = \mathcal{M}\{\xi \leq x\}$ 称作不确定变量 ξ 的不确定分布。在不确定理论中,通过不确定变量的不确定分布来描述对于不确定现象的确信程度。

定义 2.9[1] 设 ξ 是一个不确定变量,则函数

$$\Phi(x) = \mathcal{M}\{\xi \leq x\}$$

称为 ξ 的不确定分布。

例 2.7:实数 b 是一个特殊的不确定变量,即 $\xi(\gamma) \equiv b$。容易验证,这一不确定变量的不确定分布是

$$\Phi(x) = \begin{cases} 0 & (x < b) \\ 1 & (x \geq b) \end{cases}$$

例 2.8:假设不确定空间 $(\Gamma, \mathcal{L}, \mathcal{M})$ 为 $\{\gamma_1, \gamma_2\}$,且 $\mathcal{M}\{\gamma_1\} = 0.7, \mathcal{M}\{\gamma_2\} = 0.3$。容易验证,不确定变量

$$\xi(\gamma) = \begin{cases} 0 & (\gamma = \gamma_1) \\ 1 & (\gamma = \gamma_2) \end{cases}$$

的不确定分布是

$$\Phi(x)=\begin{cases} 0 & (x<0) \\ 0.7 & (0\leqslant x<1) \\ 1 & (1\leqslant x) \end{cases}$$

例 2.9：假设不确定空间 $(\Gamma,\mathcal{L},\mathcal{M})$ 为具有 Borel 代数与 Lebesgue 积分的区间 $[0,1]$。容易验证,不确定变量 $\xi(\gamma)=\gamma^2$ 的不确定分布是

$$\Phi(x)=\begin{cases} 0 & (x<0) \\ \sqrt{x} & (0\leqslant x<1) \\ 1 & (1\leqslant x) \end{cases}$$

根据不确定分布的定义以及对偶性公理,很容易地可以验证：

$$\mathcal{M}\{\xi\leqslant x\}=\Phi(x), \quad \mathcal{M}\{\xi>x\}=1-\Phi(x)$$

由于不确定分布 Φ 是一个连续函数,因此

$$\mathcal{M}\{\xi<x\}=\Phi(x), \quad \mathcal{M}\{\xi\geqslant x\}=1-\Phi(x)$$

需要特别指出的是,由于不确定测度与概率测度不同,不具备可列可加性(见定义 2.5 和公理 2.3),因此,一般而言：

$$\mathcal{M}\{a<\xi\leqslant b\}\neq\Phi(b)-\Phi(a)$$

Peng and Iwamura[5] 证明了,一个从实数域映射到 $[0,1]$ 区间上的函数 Φ 是不确定分布的充要条件是,这个函数在除去 $\Phi(x)\equiv0$ 与 $\Phi(x)\equiv1$ 之外的整个定义域上均是单调递增的。为了后续研究的方便,在这里,我们给出几种常见的不确定分布。

定义 2.10[4]　不确定变量 ξ 被称作线性不确定变量,如果它的不确定分布是线性不确定分布 $\mathcal{L}(a,b)$：

$$\Phi(x)=\begin{cases} 0 & (x\leqslant a) \\ \dfrac{x-a}{b-a} & (a\leqslant x\leqslant b) \\ 1 & (x\leqslant b) \end{cases} \tag{2.1}$$

其中,a 和 b 是实数且 $a<b$。线性不确定分布的图像如图 2.2 所示。

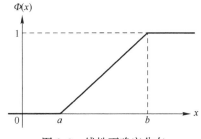

图 2.2　线性不确定分布

定义 2.11[4] 不确定变量 ξ 被称作之字型(Zigzag)不确定变量,如果它的不确定分布是之字型不确定分布 $\mathcal{Z}(a,b,c)$:

$$\Phi(x) = \begin{cases} 0 & (x \leqslant a) \\ \dfrac{x-a}{2(b-a)} & (a \leqslant x \leqslant b) \\ \dfrac{(x+c-2b)}{2(c-b)} & (b \leqslant x \leqslant c) \\ 1 & (x \geqslant c) \end{cases} \tag{2.2}$$

其中,a,b,c 是实数且 $a<b<c$。之字型不确定分布的图像如图 2.3 所示。

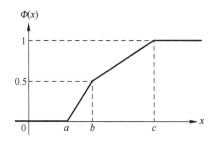

图 2.3　之字型不确定分布

定义 2.12[4] 不确定变量 ξ 被称作正态不确定变量,如果它的不确定分布是正态不确定分布 $\mathcal{N}(e,\sigma)$:

$$\Phi(x) = \left(1 + \exp\left(\frac{\pi(e-x)}{\sqrt{3}\,\sigma}\right)\right)^{-1} \tag{2.3}$$

其中,e,σ 是实数且 $\sigma>0$。正态不确定分布的图像如图 2.4 所示。

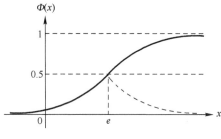

图 2.4　正态不确定分布

定义 2.13[4] 当 $\ln\xi$ 是一个正态不确定变量 $\mathcal{N}(e,\sigma)$ 时,不确定变量 ξ 被称作对数正态不确定变量。也就是说,对数正态不确定变量的不确定分布 $\mathcal{LOGN}(e,\sigma)$ 为

$$\Phi(x) = \left(1 + \exp\left(\frac{\pi(e - \ln x)}{\sqrt{3}\,\sigma}\right)\right)^{-1} \qquad (2.4)$$

其中，e, σ 是实数且 $\sigma > 0$。对数正态不确定分布的图像如图 2.5 所示。

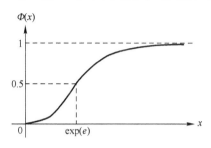

图 2.5　对数正态不确定分布

定义 2.14[4]　不确定变量 ξ 被称作经验不确定变量，如果它的不确定分布是经验不确定分布：

$$\Phi(x) = \begin{cases} 0 & (x < x_1) \\ \alpha_i + \dfrac{(\alpha_{i+1} - \alpha_i)(x - x_i)}{x_{i+1} - x_i} & (x_i \leqslant x \leqslant x_{i+1})\ (1 \leqslant i < n) \\ 1 & (x > x_n) \end{cases} \qquad (2.5)$$

其中，$x_1 < x_2 < \cdots < x_n$ 并且 $0 \leqslant \alpha_1 \leqslant \alpha_2 \leqslant \cdots \leqslant \alpha_n \leqslant 1$。经验不确定分布的图像如图 2.6 所示。

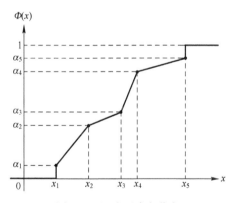

图 2.6　经验不确定分布

2.1.3.3　逆不确定分布

逆不确定分布是不确定理论中的一个重要概念，是不确定变量之间运算的基础。在给出逆不确定分布的定义之前，我们首先引入正则不确定分布的概念。

定义 2.15[3]　如果对于任意使得 $0<\Phi(x)<1$ 成立的 x，一个不确定分布 $\Phi(x)$ 是连续函数且是严格单调增的，同时满足

$$\lim_{x\to-\infty}\Phi(x)=0,\quad \lim_{x\to+\infty}\Phi(x)=1$$

则称这样的 $\Phi(x)$ 为正则不确定分布。

显然，对于一个正则不确定分布是存在反函数的，其反函数即为这一不确定分布的逆不确定分布。

定义 2.16[3]　令 ξ 表示一个具有正则不确定分布 $\Phi(x)$ 的不确定变量，则将 $\Phi(x)$ 的反函数 $\Phi^{-1}(\alpha)$ 称作 ξ 的逆不确定分布。

需要指出的是，虽然逆不确定分布 $\Phi^{-1}(\alpha)$ 定义在开区间 $(0,1)$ 上，但是如果有需要时，我们可以将这一定义拓展到闭区间 $[0,1]$ 上：

$$\Phi^{-1}(0)=\lim_{\alpha\downarrow 0}\Phi^{-1}(\alpha),\quad \Phi^{-1}(1)=\lim_{\alpha\uparrow 1}\Phi^{-1}(\alpha)$$

对于 2.1.3.2 节中列出的常见不确定分布，我们在这里给出它们相应的逆不确定分布。

例 2.10：线性不确定变量 $\mathcal{L}(a,b)$ 的逆不确定分布是

$$\Phi^{-1}(\alpha)=(1-\alpha)a+\alpha b \tag{2.6}$$

其图像如图 2.7 所示。

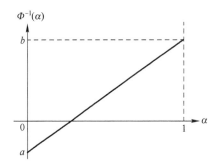

图 2.7　线性不确定变量的逆不确定分布

例 2.11：之字型不确定变量 $\mathcal{Z}(a,b,c)$ 的逆不确定分布是

$$\Phi^{-1}(\alpha)=\begin{cases}(1-2\alpha)a+2\alpha b & (\alpha<0.5)\\ (2-2\alpha)b+(2\alpha-1)c & (\alpha\geqslant 0.5)\end{cases} \tag{2.7}$$

其图像如图 2.8 所示。

例 2.12：正态不确定变量 $\mathcal{N}(e,\sigma)$ 的逆不确定分布是

$$\Phi^{-1}(\alpha)=e+\frac{\sigma\sqrt{3}}{\pi}\ln\frac{\alpha}{1-\alpha} \tag{2.8}$$

其图像如图 2.9 所示。

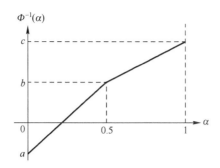

图 2.8　之字型不确定变量的逆不确定分布

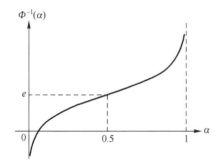

图 2.9　正态型不确定变量的逆不确定分布

例 2.13：对数正态不确定变量 $\mathcal{LOGN}(e,\sigma)$ 的逆不确定分布是

$$\Phi^{-1}(\alpha)=\exp\left(e+\frac{\sigma\sqrt{3}}{\pi}\ln\frac{\alpha}{1-\alpha}\right) \qquad (2.9)$$

其图像如图 2.10 所示。

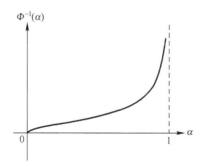

图 2.10　对数正态型不确定变量的逆不确定分布

2.1.3.4　不确定变量的独立性

定义 2.17[2]　对于实数集 **R** 中的任意 Borel 集 $B_1,B_2,\cdots,B_n$，如果不确定

变量 $\xi_1, \xi_2, \cdots, \xi_n$ 满足

$$\mathcal{M}\left\{\bigcap_{i=1}^{n} (\xi_i \in B_i)\right\} = \bigwedge_{i=1}^{n} \mathcal{M}\{\xi_i \in B_i\}$$

那么称它们是互相独立的。

我们不加证明地引述下面的结论：

定理 2.7[4]   不确定变量 $\xi_1, \xi_2, \cdots, \xi_n$ 独立的充要条件是

$$\mathcal{M}\left\{\bigcup_{i=1}^{n} \xi_i \in B_i\right\} = \bigvee_{i=1}^{n} \mathcal{M}\{\xi_i \in B_i\}$$

对任意的 Borel 集 $B_1, B_2, \cdots, B_n$ 均成立。

这一定理给出了判定不确定变量独立的等价条件。另外一个可以证明的简单结论是，如果不确定变量是定义在不同的不确定空间上，那么这些不确定变量是独立的。

2.1.3.5 运算法则

不确定变量的运算法则解决的是如何获取不确定变量的严格单调函数的不确定分布的问题[3]。严格单调函数是指，实值函数 $f(x_1, x_2, \cdots, x_n)$ 对于 x_1, $x_2, \cdots, x_m$ 是严格单调增的，且对于 $x_{m+1}, x_{m+2}, \cdots, x_n$ 是严格单调减的，即当 $x_i \leqslant y_i$ $(i=1,2,\cdots,m)$, $x_i \geqslant y_i (i=m+1, m+2, \cdots, n)$ 时：

$$f(x_1, \cdots, x_m, x_{m+1}, \cdots, x_n) \leqslant f(y_1, \cdots, y_m, y_{m+1}, \cdots, y_n)$$

均成立；当 $x_i < y_i (i=1,2,\cdots,m)$, $x_i > y_i (i=m+1, m+2, \cdots, n)$ 时：

$$f(x_1, \cdots, x_m, x_{m+1}, \cdots, x_n) < f(y_1, \cdots, y_m, y_{m+1}, \cdots, y_n)$$

均成立。

定理 2.8(运算法则[3]**)**   设 $\xi_1, \xi_2, \cdots, \xi_n$ 是一列独立的正则不确定变量，其不确定分布分别为 $\Phi_1, \Phi_2, \cdots, \Phi_n$。如果函数 $f(x_1, x_2, \cdots, x_n)$ 关于 $x_1, x_2, \cdots, x_m$ 是单调增的，关于 $x_{m+1}, x_{m+2}, \cdots, x_n$ 是单调减的，那么不确定变量 $f(\xi_1, \xi_2, \cdots, \xi_n)$ 的逆不确定分布为

$$\Phi^{-1}(\alpha) = f(\Phi_1^{-1}(\alpha), \cdots, \Phi_m^{-1}(\alpha), \Phi_{m+1}^{-1}(1-\alpha), \cdots, \Phi_n^{-1}(1-\alpha)) \quad (2.10)$$

证明：为了简单起见，我们仅给出 $m=1, n=2$ 时的详细证明。首先，我们注意到

$$\{\xi \leqslant \Psi^{-1}(\alpha)\} \equiv \{f(\xi_1, \xi_2) \leqslant f(\Phi_1^{-1}(\alpha), \Phi_2^{-1}(1-\alpha))\}$$

由于函数 $f(x_1, x_2)$ 相对于 x_1 是单调增的，相对于 x_2 是单调减的，我们有

$$\{\xi \leqslant \Psi^{-1}(\alpha)\} \supset \{\xi_1 \leqslant \Phi_1^{-1}(\alpha)\} \cap \{\xi_2 \geqslant \Phi_2^{-1}(1-\alpha)\}$$

由于 ξ_1 与 ξ_2 是相互独立的：

$$\mathcal{M}\{\xi \leqslant \Psi^{-1}(\alpha)\} \geqslant \min(\mathcal{M}\{\xi_1 \leqslant \Phi_1^{-1}(\alpha)\}, \mathcal{M}\{\xi_2 \geqslant \Phi_2^{-1}(1-\alpha)\}) = \alpha$$

另一方面，

$$\{\xi \leqslant \Psi^{-1}(\alpha)\} \subset \{\xi_1 \leqslant \Phi_1^{-1}(\alpha)\} \cup \{\xi_2 \geqslant \Phi_2^{-1}(1-\alpha)\}$$

同样的方法,我们可以得到

$$\mathcal{M}\{\xi \leqslant \Psi^{-1}(\alpha)\} \leqslant \max(\mathcal{M}\{\xi_1 \leqslant \Phi_1^{-1}(\alpha)\}, \mathcal{M}\{\xi_2 \geqslant \Phi_2^{-1}(1-\alpha)\}) = \alpha$$

由此可知

$$\mathcal{M}\{\xi \leqslant \Psi^{-1}(\alpha)\} = \alpha$$

因此,Ψ^{-1} 是 ξ 的逆不确定分布,定理得证。

定理说明了,正则不确定变量的严格单调函数还是一个正则的不确定变量,且它的逆不确定分布可以通过原不确定变量的逆不确定分布方便地计算得到。得到了逆不确定分布后,不确定分布可以通过反函数运算得到。下面,我们给出两个例子,展示如何利用这一定理计算不确定变量函数的不确定分布。

例 2.14:假设 ξ_1 与 ξ_2 是互相独立的正值不确定变量,且它们的不确定分布 Φ_1、Φ_2 都是正则的。令 $\xi = f(\xi_1, \xi_2) = \xi_1/\xi_2$,容易验证,$f(\xi_1, \xi_2)$ 对于 ξ_1 是严格单调增的,对于 ξ_2 是严格单调减的,因此,由定理 2.8,ξ 的逆不确定分布为

$$\Psi^{-1}(\alpha) = \frac{\Phi_1^{-1}(\alpha)}{\Phi_2^{-1}(1-\alpha)}$$

例 2.15:假设 ξ_1 与 ξ_2 是互相独立的正值不确定变量,且它们的不确定分布 Φ_1、Φ_2 都是正则的。令 $\xi = f(\xi_1, \xi_2) = \xi_1/(\xi_1 + \xi_2)$,容易验证,$f(\xi_1, \xi_2)$ 对于 ξ_1 是严格单调增的,对于 ξ_2 是严格单调减的,因此,由定理 2.8,ξ 的逆不确定分布为

$$\Psi^{-1}(\alpha) = \frac{\Phi_1^{-1}(\alpha)}{\Phi_1^{-1}(\alpha) + \Phi_2^{-1}(1-\alpha)}$$

对于布尔变量,其运算法则可以通过乘积不确定测度推导得到。我们直接给出如下定理,对其证明感兴趣的读者可以参考本章参考文献[4]。

定理 2.9 设 $\xi_1, \xi_2, \cdots, \xi_n$ 是独立的布尔不确定变量,即对于 $i = 1, 2, \cdots, n$,$\mathcal{M}\{\xi_i = 1\} = a_i$ 且 $\mathcal{M}\{\xi_i = 0\} = 1 - a_i$。若 f 是一个布尔函数(不一定单调),那么 $\xi = f(\xi_1, \xi_2, \cdots, \xi_n)$ 也是一个布尔不确定变量,且

$$\mathcal{M}\{\xi = 1\} = \begin{cases} \sup\limits_{f(x_1, x_2, \cdots, x_n) = 1} \min\limits_{1 \leqslant i \leqslant n} \nu_i(x_i) & \left(\sup\limits_{f(x_1, \cdots, x_n) = 1} \min\limits_{1 \leqslant i \leqslant n} \nu_i(x_i) < 0.5\right) \\ 1 - \sup\limits_{f(x_1, \cdots, x_n) = 0} \min\limits_{1 \leqslant i \leqslant n} \nu_i(x_i) & \left(\sup\limits_{f(x_1, \cdots, x_n) = 1} \min\limits_{1 \leqslant i \leqslant n} \nu_i(x_i) \geqslant 0.5\right) \end{cases}$$

其中,x_i 取值为 0 或 1,ν_i 被定义为

$$\nu_i(x_i) = \begin{cases} a_i & (x_i = 1) \\ 1 - a_i & (x_i = 0) \end{cases} \quad (i = 1, 2, \cdots, n)$$

2.1.3.6 期望

不确定变量的期望是不确定测度下,不确定变量的平均值,也表征了一个不确定变量的大小。

定义 2.18(期望[3]) 设 ξ 是一个不确定变量,如果以下两个积分至少有一

个是有限的,那么 ξ 的期望定义为

$$E[\xi] = \int_0^{+\infty} \mathcal{M}\{\xi \geqslant x\} \mathrm{d}x - \int_{-\infty}^0 \mathcal{M}\{\xi \leqslant x\} \mathrm{d}x \qquad (2.11)$$

给定了不确定变量的不确定分布时,可以用定理 2.10 计算其期望。根据定义 2.14,我们可以很容易地证明下述定理:

定理 2.10[3] 设 ξ 是一个不确定变量,其不确定分布为 Φ。如果 $E[\xi]$ 存在,则

$$E[\xi] = \int_0^{+\infty} (1 - \Phi(x)) \mathrm{d}x - \int_{-\infty}^0 \Phi(x) \mathrm{d}x \qquad (2.12)$$

定理 2.9 说明了不确定变量期望的几何意义,即为图 2.11 中阴影部分的面积。

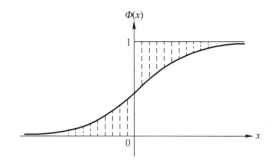

图 2.11 不确定变量期望的几何意义

定理 2.11[4] 假设不确定变量 ξ 的不确定分布是 Φ, 则其期望可以表示为

$$E[\xi] = \int_{-\infty}^{+\infty} x \mathrm{d}\Phi(x) \qquad (2.13)$$

证明:对式(2.12)进行分部积分:

$$\begin{aligned}
E[\xi] &= \int_0^{+\infty} (1 - \Phi(x)) \mathrm{d}x - \int_{-\infty}^0 \Phi(x) \mathrm{d}x \\
&= \int_0^{+\infty} x \mathrm{d}\Phi(x) - \int_{-\infty}^0 x \mathrm{d}\Phi(x) = \int_{-\infty}^{+\infty} x \mathrm{d}\Phi(x)
\end{aligned}$$

式(2.13)的几何意义如图 2.12 所示。

从式(2.13)中可以看出,如果不确定分布 $\Phi(x)$ 有导数 $\phi(x)$,可以得到

$$E[\xi] = \int_{-\infty}^{+\infty} x\phi(x) \mathrm{d}x$$

需要特别指出的是,虽然 $\phi(x)$ 的概念类似于概率论中的概率密度,它与密度的概念却有本质上的不同。这是由于不确定测度不是可列可加的,因此,一般而言:

$$\mathcal{M}\{a \leqslant \xi \leqslant b\} \neq \int_a^b \phi(x) \mathrm{d}x \qquad (2.14)$$

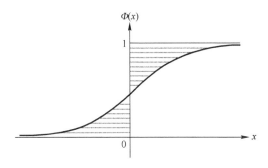

图 2.12　式(2.13)的几何意义

正则不确定变量的期望可以由定理 2.12 计算得到。

定理 2.12[3]　设 ξ 是一个正则的不确定变量,其不确定分布为 Φ。如果 $E[\xi]$ 存在,则

$$E[\xi] = \int_0^1 \Phi^{-1}(\alpha)\,\mathrm{d}\alpha \tag{2.15}$$

证明:对式(2.13)进行变量代换,将 $\Phi(x)$ 换为 α, 将 x 换为 $\Phi^{-1}(\alpha)$,则

$$E[\xi] = \int_{-\infty}^{+\infty} x\,\mathrm{d}\Phi(x) = \int_0^1 \Phi^{-1}(\alpha)\,\mathrm{d}\alpha \tag{2.16}$$

该式的几何意义同样可以由图 2.12 说明。

下面,我们利用上述结果,推导 1.2.6 节中介绍的几种常用不确定分布的期望。

例 2.16(线性不确定变量 $\mathcal{L}(a,b)$ 的期望):线性不确定变量 $\mathcal{L}(a,b)$ 的逆不确定分布为

$$\Phi^{-1}(\alpha) = (1-\alpha)a + \alpha b$$

由定理 2.11,其期望为

$$E[\xi] = \int_0^1 ((b-a)\alpha + a)\,\mathrm{d}\alpha$$
$$= \left(\frac{b-a}{2}\alpha^2 + a\alpha\right)\Big|_0^1$$
$$= \frac{a+b}{2}$$

例 2.17(之字型不确定变量 $\mathcal{Z}(a,b,c)$ 的期望):之字型不确定变量 $\mathcal{Z}(a,b,c)$ 的逆不确定分布为

$$\Phi^{-1}(\alpha) = \begin{cases} (1-2\alpha)a + 2\alpha b & (\alpha < 0.5) \\ (2-2\alpha)b + (2\alpha-1)c & (\alpha \geq 0.5) \end{cases}$$

由定理 2.11,其期望为

$$E[\xi] = \int_0^{0.5} (a + 2(b-a)\alpha)\mathrm{d}\alpha + \int_{0.5}^1 (2b - c + 2(c-b)\alpha)\mathrm{d}\alpha$$

$$= (a\alpha + (b-a)\alpha^2)\mid_0^{0.5} + ((2b-c)\alpha + (c-b)\alpha^2)\mid_{0.5}^1$$

$$= \frac{a + 2b + c}{4}$$

例 2.18(正态不确定变量 $\mathcal{N}(e, \sigma)$ 的期望):正态不确定变量 $\mathcal{N}(e, \sigma)$ 的逆不确定分布为

$$\Phi^{-1}(\alpha) = e + \frac{\sigma\sqrt{3}}{\pi}\ln\frac{\alpha}{1-\alpha}$$

由定理,其期望为

$$E[\xi] = \int_0^1 \left(e + \frac{\sqrt{3}\sigma}{\pi}\ln\frac{\alpha}{1-\alpha} \right)\mathrm{d}\alpha$$

$$= \int_0^1 e\mathrm{d}\alpha + \frac{\sqrt{3}\sigma}{\pi}\int_0^1 \left(\ln\frac{\alpha}{1-\alpha} \right)\mathrm{d}\alpha$$

$$= e + \frac{\sqrt{3}\sigma}{\pi}\left(\int_0^{0.5}\left(\ln\frac{\alpha}{1-\alpha} \right)\mathrm{d}\alpha + \int_{0.5}^1\left(\ln\frac{\beta}{1-\beta} \right)\mathrm{d}\beta \right)$$

$$= e$$

2.1.3.7 方差

为了度量不确定变量关于其期望的离散程度,我们引入了不确定变量方差的概念。

定义 2.19(方差[3]) 设 ξ 是一个期望为 e 的不确定变量,它的方差定义为

$$V[\xi] = E[(\xi - e)^2]$$

由于不确定测度满足次可加公理,因此当仅给出 ξ 的不确定分布时,方差 $V[\xi]$ 无法确切地计算,我们只能够得到它的上界。为此,刘宝碇教授规定,采用该上界作为 $V[\xi]$ 的近似值:

$$V[\xi] = \int_0^{+\infty} (1 - \Phi(e + \sqrt{x}) + \Phi(e - \sqrt{x}))\mathrm{d}x \tag{2.17}$$

定理 2.13 [4] 假设不确定变量 ξ 的不确定分布是 Φ 且其期望 e 是有限的,则其方差可以通过下式计算得到。

$$V[\xi] = \int_{-\infty}^{+\infty} (x - e)^2 \mathrm{d}\Phi(x) \tag{2.18}$$

证明:对式(2.17)进行变量代换,将 $e + \sqrt{y}$ 替换为 x,将 y 替换为 $(x - e)^2$,则式(2.17)可以表示为

$$\int_0^{+\infty} (1 - \Phi(e + \sqrt{y})) \mathrm{d}y = \int_e^{+\infty} (1 - \Phi(x)) \mathrm{d}(x - e)^2 = \int_e^{+\infty} (x - e)^2 \mathrm{d}\Phi(x)$$

类似的,将 $e - \sqrt{y}$ 替换为 x,将 y 替换为 $(x-e)^2$,可到

$$\int_0^{+\infty} \Phi(e - \sqrt{y}) \mathrm{d}y = \int_e^{-\infty} \Phi(x) \mathrm{d}(x - e)^2 = \int_{-\infty}^e (x - e)^2 \mathrm{d}\Phi(x)$$

于是,方差可以表示为

$$V[\xi] = \int_e^{+\infty} (x - e)^2 \mathrm{d}\Phi(x) + \int_{-\infty}^e (x - e)^2 \mathrm{d}\Phi(x) = \int_{-\infty}^{+\infty} (x - e)^2 \mathrm{d}\Phi(x)$$

对于正则不确定变量,与期望类似,不确定变量的方差可以由下述定理计算得到。

定理 2.14[4]　假设 ξ 是一个正则不确定变量且其期望 e 是有限的,则其方差可以表示为

$$V[\xi] = \int_0^1 (\Phi^{-1}(\alpha) - e)^2 \mathrm{d}\alpha \tag{2.19}$$

证明:对式(2.18)进行变量代换,将 $\Phi(x)$ 换为 α,将 x 换为 $\Phi^{-1}(\alpha)$,可以得到

$$V[\xi] = \int_{-\infty}^{+\infty} (x - e)^2 \mathrm{d}\Phi(x) = \int_0^1 (\Phi^{-1}(\alpha) - e)^2 \mathrm{d}\alpha \tag{2.20}$$

下面我们利用式(2.20)推导一些常见的不确定变量的方差。

例 2.19(线性不确定变量 $\mathcal{L}(a,b)$ 的方差):线性不确定变量 $\mathcal{L}(a,b)$ 的逆不确定分布为

$$\Phi^{-1}(\alpha) = (1-\alpha)a + \alpha b$$

由定理,其期望为

$$E[\xi] = \frac{a+b}{2} \tag{2.21}$$

由定理,其方差为

$$
\begin{aligned}
V[\xi] &= \int_0^1 \left((b - a)\alpha + a - \frac{a + b}{2}\right)^2 \mathrm{d}\alpha \\
&= \left(\frac{(b - a)^2}{3}\alpha^3 - \frac{(a - b)^2}{2}\alpha^2 + \frac{(b - a)^2}{4}\alpha\right)\Bigg|_0^1 \\
&= \frac{(b - a)^2}{12}
\end{aligned}
\tag{2.22}
$$

例 2.20(正态不确定变量 $\mathcal{N}(e,\sigma)$ 的期望):正态不确定变量 $\mathcal{N}(e,\sigma)$ 的逆不确定分布为

$$\Phi^{-1}(\alpha) = e + \frac{\sigma\sqrt{3}}{\pi}\ln\frac{\alpha}{1-\alpha}$$

由定理,其期望为

$$E[\xi] = e \qquad (2.23)$$

由定理,其方差为

$$\begin{aligned}
V[\xi] &= \int_0^1 \left(e + \frac{\sqrt{3}\sigma}{\pi}\ln\frac{\alpha}{1-\alpha} - e\right)^2 \mathrm{d}\alpha \\
&= \frac{3\sigma^2}{\pi^2}\int_0^1 \left(\ln\frac{\alpha}{1-\alpha}\right)^2 \mathrm{d}\alpha \qquad (2.24) \\
&= \sigma^2
\end{aligned}$$

2.2 机 会 理 论

机会理论是刘郁涵于 2013 年首次提出的[6]。机会理论可以看作是概率论和不确定理论的结合,用于描述既存在随机不确定性又存在认知不确定性的问题。近年来,机会理论稳步发展并在多个领域得到了广泛应用,例如风险分析、投资组合优化、项目调度等等。在机会理论中,机会测度和不确定随机变量是两个最为基本的概念,本节将从这两个概念入手,对机会理论进行简要介绍。

2.2.1 机会测度

令 $(\Gamma, \mathcal{L}, \mathcal{M})$ 是一个不确定空间,$(\Omega, \mathcal{A}, \mathrm{Pr})$ 是一个概率空间,则两个空间的乘积 $(\Gamma, \mathcal{L}, \mathcal{M}) \times (\Omega, \mathcal{A}, \mathrm{Pr})$ 被称作一个机会空间。本质上来讲,机会空间是另一个三元组

$$(\Gamma \times \Omega, \mathcal{L} \times \mathcal{A}, \mathcal{M} \times \mathrm{Pr})$$

其中 $\Gamma \times \Omega$ 是全集,$\mathcal{L} \times \mathcal{A}$ 是乘积 σ-代数,$\mathcal{M} \times \mathrm{Pr}$ 是乘积测度。

全集 $\Gamma \times \Omega$ 是所有有序对 (γ, ω) 的集合,其中 $\gamma \in \Gamma$,$\omega \in \Omega$。也就是说

$$\Gamma \times \Omega = \{(\gamma, \omega) \mid \gamma \in \Gamma, \omega \in \Omega\}$$

乘积 σ-代数 $\mathcal{L} \times \mathcal{A}$ 是包含了所有形式为 $\Lambda \times A$ 的可测矩形的最小 σ-代数,其中 $\Lambda \in \mathcal{L}$,$A \in \mathcal{A}$。$\mathcal{L} \times \mathcal{A}$ 中任何一个元素都是该机会空间中的一个事件。为了定义机会空间中的乘积测度 $\mathcal{M} \times \mathrm{Pr}$,考虑 $\mathcal{L} \times \mathcal{A}$ 中的一个事件 Θ,如图 2.13 所示。对于每一个 $\omega \in \Omega$,横截面

$$\Theta_\omega = \{\gamma \in \Gamma \mid (\gamma, \omega) \in \Theta\}$$

是一个 $\mathcal{L}$ 中的事件。因此 Θ_ω 的不确定测度

$$\mathcal{M}\{\Theta_\omega\} = \mathcal{M}\{\gamma \in \Gamma \mid (\gamma, \omega) \in \Theta\}$$

对于每个 $\omega \in \Omega$ 都存在。如果 $\mathcal{M}\{\Theta_{\omega}\}$ 对 ω 是可测的,那么它就是一个随机变量。那么我们就定义 Θ 的 $\mathcal{M} \times \mathrm{Pr}$ 测度就是随机变量 $\mathcal{M}\{\Theta_{\omega}\}$ 在概率测度下的均值(即期望值),并且将这个测度称作机会测度,用 $\mathrm{Ch}\{\Theta\}$ 来表示。

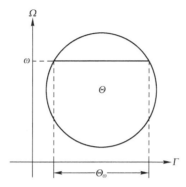

图 2.13　$\mathcal{L} \times \mathcal{A}$ 中的一个事件 Θ 及其横截面 Θ_{ω}

定义 2.20[6]　设 $(\Gamma, \mathcal{L}, \mathcal{M}) \times (\Omega, \mathcal{A}, \mathrm{Pr})$ 是机会空间,$\Theta \in \mathcal{L} \times \mathcal{A}$ 是一个事件。那么 Θ 的机会测度定义为

$$\mathrm{Ch}\{\Theta\} = \int_0^1 \mathrm{Pr}\{\omega \in \Omega \mid M\{\gamma \in \Gamma \mid (\gamma, \omega) \in \Theta\} \geq x\} \mathrm{d}x$$

定理 2.15[6]　设 $(\Gamma, \mathcal{L}, \mathcal{M}) \times (\Omega, \mathcal{A}, \mathrm{Pr})$ 是机会空间,则对于任意的 $\Lambda \in \mathcal{L}$ 和 $A \in \mathcal{A}$,有

$$\mathrm{Ch}\{\Lambda \times A\} = \mathcal{M}\{\Lambda\} \times \mathrm{Pr}\{A\} \tag{2.25}$$

特别地,可以得到

$$\mathrm{Ch}\{\varnothing\} = 0, \ \mathrm{Ch}\{\Gamma \times \Omega\} = 1$$

证明:当 A 非空时,有

$$\{\gamma \in \Gamma \mid (\gamma, \omega) \in \Lambda \times A\} = \Lambda$$

以及

$$\mathcal{M}\{\gamma \in \Gamma \mid (\gamma, \omega) \in \Lambda \times A\} = \mathcal{M}\{\Lambda\}$$

对于任意一个实数 x,如果 $\mathcal{M}\{\Lambda\} \geq x$,则

$$\mathrm{Pr}\{\omega \in \Omega \mid \mathcal{M}\{\gamma \in \Gamma \mid (\gamma, \omega) \in \Lambda \times A\} \geq x\} = \mathrm{Pr}\{A\}$$

若 $\mathcal{M}\{\Lambda\} < x$,则

$$\mathrm{Pr}\{\omega \in \Omega \mid \mathcal{M}\{\gamma \in \Gamma \mid (\gamma, \omega) \in \Lambda \times A\} \geq x\} = \mathrm{Pr}\{\varnothing\} = 0$$

因此有

$$\mathrm{Ch}\{\Lambda \times A\} = \int_0^1 \mathrm{Pr}\{\omega \in \Omega \mid \mathcal{M}\{\gamma \in \Gamma \mid (\gamma, \omega) \in \Lambda \times A\} \geq x\} \mathrm{d}x$$

$$= \int_0^{\mathcal{M}\{\Lambda\}} \mathrm{Pr}\{A\} \mathrm{d}x + \int_{\mathcal{M}\{\Lambda\}}^1 0 \mathrm{d}x$$

$$= \mathcal{M}\{\Lambda\} \times \mathrm{Pr}\{A\}$$

那么,很容易得到

$$\mathrm{Ch}\{\varnothing\} = M\{\varnothing\} \times \mathrm{Pr}\{\varnothing\} = 0$$
$$\mathrm{Ch}\{\Gamma \times \Omega\} = M\{\Gamma\} \times \mathrm{Pr}\{\Omega\} = 1$$

定理得证。

上述定理是机会理论中最重要的定理之一。它意味着机会空间$(\Gamma, \mathcal{L}, \mathcal{M}) \times (\Omega, \mathcal{A}, \mathrm{Pr})$中事件$\Lambda \times A$的机会测度可以由$\Lambda$的不确定测度和$A$的概率测度相乘得到,这是机会理论中计算机会测度的重要方法。此外,机会测度还有几个重要性质,我们在这里以定理的形式给出,相关证明将不再赘述,感兴趣的读者可以参阅本章参考文献[6]。

定理 2.16(单调性定理[6]) 机会测度是一个单调增的集函数。也就是说,对于任意的两个事件Θ_1和Θ_2,若$\Theta_1 \subset \Theta_2$,则有

$$\mathrm{Ch}\{\Theta_1\} \leqslant \mathrm{Ch}\{\Theta_2\}$$

定理 2.17(对偶性定理[6]) 机会测度是自对偶的。也就是说,对于任意一个事件Θ,有

$$\mathrm{Ch}\{\Theta\} + \mathrm{Ch}\{\Theta^c\} = 1$$

定理 2.18(次可加性定理[6]) 机会测度是次可加的。也就是说,对于任意一列可数的事件$\Theta_1, \Theta_2, \cdots$,有

$$\mathrm{Ch}\left\{ \bigcup_{i=1}^{\infty} \Theta_i \right\} \leqslant \sum_{i=1}^{\infty} \mathrm{Ch}\{\Theta_i\}$$

2.2.2 不确定随机变量

2.2.2.1 定义及性质

为了更好地描述既存在随机不确定性又存在认知不确定性的事件,我们引入不确定随机变量的概念。理论上讲,不确定随机变量是机会空间上的一个可测函数,其严格的数学定义如下。

定义 2.21(不确定随机变量[6]) 不确定随机变量ξ是从机会空间$(\Gamma, \mathcal{L}, \mathcal{M}) \times (\Omega, \mathcal{A}, \mathrm{Pr})$到实数集$\mathbf{R}$的一个函数,且满足对于任意的 Borel 集$B$,$\{\xi \in B\}$是$\mathcal{L} \times \mathcal{A}$中的一个事件。

根据定义可知,一个不确定随机变量可以表示成有序对(γ, ω)的函数的形式,即$\xi(\gamma, \omega)$。当$\xi(\gamma, \omega)$不随γ而变化时,不确定随机变量将退化为一个随机变量;当$\xi(\gamma, \omega)$不随ω而变化时,不确定随机变量将退化为一个不确定变量。因此,随机变量和不确定变量都是不确定随机变量的一种特殊情况。

定理 2.19[4] 设$\xi_1, \xi_2, \cdots, \xi_n$是不确定空间$(\Gamma, \mathcal{L}, \mathcal{M}) \times (\Omega, \mathcal{A}, \mathrm{Pr})$上的不

确定随机变量，f 是一个可测函数，那么 $\xi = f(\xi_1, \xi_2, \cdots, \xi_n)$ 也是一个不确定随机变量。

例 2.21：一个随机变量 η 和一个不确定变量 τ 的和能够构成一个不确定随机变量 ξ，即对于所有的 $(\gamma, \omega) \in \Gamma \times \Omega, \xi(\gamma, \omega) = \eta(\omega) + \tau(\gamma)$。

2.2.2.2　机会分布

定义 2.22(机会分布[6])　设 ξ 是一个不确定随机变量，则函数

$$\Phi(x) = \mathrm{Ch}\{\xi \leq x\}$$

称为 ξ 的机会分布。

容易注意到，因为随机变量和不确定变量都是不确定随机变量的一种特殊情况，概率分布和不确定分布也是机会分布的一种特殊情况。也就是说，对于随机变量 η 和不确定变量 τ，其机会分布分别为

$$\Phi(x) = \mathrm{Ch}\{\eta \leq x\} = \mathrm{Pr}\{\eta \leq x\}$$

$$\Phi(x) = \mathrm{Ch}\{\tau \leq x\} = \mathcal{M}\{\tau \leq x\}$$

另外，由于机会测度具有对偶性，因此我们可以得到

$$\mathrm{Ch}\{\xi \leq x\} = \Phi(x), \ \mathrm{Ch}\{\xi > x\} = 1 - \Phi(x)$$

当机会分布是一个连续函数时，我们同样有

$$\mathrm{Ch}\{\xi < x\} = \Phi(x), \ \mathrm{Ch}\{\xi \geq x\} = 1 - \Phi(x)$$

2.2.2.3　运算法则

不确定随机变量的运算法则解决的是，如何计算由随机变量 $\eta_1, \eta_2, \cdots, \eta_m$ 和不确定变量 $\tau_1, \tau_2, \cdots, \tau_n$ 通过一个可测函数 f 运算之后构成的不确定随机变量

$$\xi = f(\eta_1, \eta_2, \cdots, \eta_m; \tau_1, \tau_2, \cdots, \tau_n)$$

的机会分布。本书以定理的形式给出不确定随机变量的运算法则，证明将不再赘述，感兴趣的读者可以参照本章参考文献[7]。

定理 2.20[7]　设 $\eta_1, \eta_2, \cdots, \eta_m$ 为相互独立的随机变量，其概率分布分别为 $\Psi_1, \Psi_2, \cdots, \Psi_m, \tau_1, \tau_2, \cdots, \tau_n$ 为不确定变量。再设 f 是一个可测函数，则不确定随机变量

$$\xi = f(\eta_1, \eta_2, \cdots, \eta_m; \tau_1, \tau_2, \cdots, \tau_n)$$

的机会分布为

$$\Phi(x) = \int_{\mathbf{R}^m} F(x; y_1, y_2, \cdots, y_m) \mathrm{d}\Psi_1(y_1) \mathrm{d}\Psi_2(y_2) \cdots \mathrm{d}\Psi_m(y_m)$$

其中：$F(x; y_1, y_2, \cdots, y_m)$ 是不确定变量 $f(y_1, y_2, \cdots, y_m; \tau_1, \tau_2, \cdots, \tau_n)$ 的不确定分布。

例 2.22：设 $\eta_1, \eta_2, \cdots, \eta_m$ 为相互独立的随机变量，其概率分布分别为 Ψ_1，$\Psi_2, \cdots, \Psi_m, \tau_1, \tau_2, \cdots, \tau_n$ 为相互独立的不确定变量，其不确定分布分别为 Y_1，

$Y_2,\cdots,Y_n$，则不确定随机变量 $\xi=\eta_1+\eta_2+\cdots+\eta_m+\tau_1+\tau_2+\cdots+\tau_n$ 的机会分布为

$$\Phi(x)=\int_{-\infty}^{+\infty}Y(x-y)\mathrm{d}\Psi(y)$$

其中 $\Psi(y)$ 是 $\eta_1+\eta_2+\cdots+\eta_m$ 的概率分布，$Y(z)$ 是 $\tau_1+\tau_2+\cdots+\tau_n$ 的不确定分布，即

$$\Psi(y)=\int_{y_1+y_2+\cdots+y_m\leqslant y}\mathrm{d}\Psi_1(y_1)\mathrm{d}\Psi_2(y_2)\cdots\mathrm{d}\Psi_m(y_m)$$

$$Y(z)=\sup_{z_1+z_2+\cdots+z_n=z}Y_1(z_1)\wedge Y_2(z_2)\wedge\cdots\wedge Y_n(z_n)$$

在定理 2.20 中，当可测函数 f 对 $\tau_1,\tau_2,\cdots,\tau_n$ 具有一定的单调性时，可以得到下述定理。

定理 2.21[7]　设 $\eta_1,\eta_2,\cdots,\eta_m$ 为相互独立的布尔随机变量，即对 $\eta_i(i=1,2,\cdots,m)$ 有 $\mathrm{Pr}\{\eta_i=1\}=a_i$ 且 $\mathrm{Pr}\{\eta_i=0\}=1-a_i$；$\tau_1,\tau_2,\cdots,\tau_n$ 为相互独立的布尔不确定变量，即对 $\tau_j(j=1,2,\cdots,n)$ 有 $\mathcal{M}\{\tau_j=1\}=b_j$ 且 $\mathcal{M}\{\tau_j=0\}=1-b_j$。若 f 是一个布尔函数，那么

$$\xi=f(\eta_1,\cdots,\eta_m,\tau_1,\cdots,\tau_n)$$

是一个布尔不确定随机变量，且有

$$\mathrm{Ch}\{\xi=1\}=\sum_{(x_1,\cdots,x_m)\in\{0,1\}^m}\left(\prod_{i=1}^m\mu_i(x_i)\right)f^*(x_1,\cdots,x_m)$$

其中，

$$f^*(x_1,\cdots,x_m)=\begin{cases}\sup\limits_{f(x_1,\cdots,x_m,y_1,\cdots,y_n)=1}\min\limits_{1\leqslant j\leqslant n}v_j(y_j)&\left(\sup\limits_{f(x_1,\cdots,x_m,y_1,\cdots,y_n)=1}\min\limits_{1\leqslant j\leqslant n}v_j(y_j)<0.5\right)\\1-\sup\limits_{f(x_1,\cdots,x_m,y_1,\cdots,y_n)=0}\min\limits_{1\leqslant j\leqslant n}v_j(y_j)&\left(\sup\limits_{f(x_1,\cdots,x_m,y_1,\cdots,y_n)=1}\min\limits_{1\leqslant j\leqslant n}v_j(y_j)\geqslant0.5\right)\end{cases}$$

$$\mu_i(x_i)=\begin{cases}a_i&(x_i=1)\\1-a_i&(x_i=0)\end{cases}\quad(i=1,2,\cdots,m)$$

$$v_j(y_j)=\begin{cases}b_j&(y_j=1)\\1-b_j&(y_j=0)\end{cases}\quad(j=1,2,\cdots,n)$$

2.2.2.4　期望

机会理论的期望是在机会测度下不确定随机变量的均值。定义如下：

定义 2.23[6]　设 ξ 是一个不确定随机变量，如果以下两个积分至少有一个是有限的，那么 ξ 的期望定义为

$$E[\xi]=\int_0^{+\infty}\mathrm{Ch}\{\xi\geqslant x\}\mathrm{d}x-\int_{-\infty}^0\mathrm{Ch}\{\xi\leqslant x\}\mathrm{d}x \tag{2.26}$$

给定了不确定随机变量的机会分布后，可以根据如下定理计算期望：

定理 2.22[6]　设 ξ 是一个不确定随机变量，机会分布为 Φ。如果 $E[\xi]$ 存在，则

$$E[\xi] = \int_0^{+\infty} (1 - \Phi(x)) \, dx - \int_{-\infty}^0 \Phi(x) \, dx \qquad (2.27)$$

定理 2.23[4]　设 ξ 是一个不确定随机变量，机会分布为 Φ。若机会分布是正则的，即 Φ 存在逆分布。则有

$$E[\xi] = \int_0^1 \Phi^{-1}(\alpha) \, d\alpha \qquad (2.28)$$

2.2.2.5　方差

为了度量不确定随机变量关于其期望的离散程度，引入不确定随机变量方差的概念。

定义 2.24[6]　设 ξ 是一个期望为 e 的不确定随机变量，它的方差定义为

$$V[\xi] = E[(\xi-e)^2] \qquad (2.29)$$

由于 $(\xi-e)^2$ 是一个非负不确定随机变量，因此有

$$V[\xi] = \int_0^{+\infty} \mathrm{Ch}\{(\xi - e)^2 \geq x\} \, dx$$

另外，由于机会测度具有次可加性，当仅给出 ξ 的机会分布 Φ 时，只能够得到方差 $V[\xi]$ 的上界。为此，Guo 和 Wang[8] 规定采用该上界作为 $V[\xi]$ 的近似值，即

$$V[\xi] = \int_0^{+\infty} (1 - \Phi(e + \sqrt{x}) + \Phi(e - \sqrt{x})) \, dx$$

参考文献

[1]　LIU B D. Uncertainty theory[M]. 2nd ed. Berlin: Springer-Verlag, 2007.

[2]　LIU B D. Some research problems in uncertainty theory[J]. Journal of uncertain systems, 2009, 3(1): 3-10.

[3]　LIU B D. Uncertainty theory: A branch of mathematics for modeling human uncertainty[M]. Berlin: Springer-Verlag, 2010.

[4]　LIU B D. Uncertainty theory[M]. 4th ed. Berlin: Springer-Verlag, 2015.

[5]　PENG Z X, IWAMURA K. sufficient and necessary condition of uncertainty distribution[J]. Jornal of Interdisciplinary Mathematics, 2010, 13(3): 277-285.

[6]　LIU Y H. Uncertain random variables: a mixture of uncertainty and randomness[J]. Soft Computing, 2013, 17(4): 625-634.

[7]　LIU Y H. Uncertain random programming with applications[J]. Fuzzy Optimization & Decision Making, 2013, 12(2): 153-169.

[8]　GUO H Y, WANG X S. Variance of uncertain random variables[J]. Journal of Uncertainty Analysis and Applications, 2014, 2(1): 6.

第 3 章

确信可靠性度量

可靠性度量是联系可靠性理论与可靠性工程的桥梁。唯有在一个合理的可靠性度量的基础上,我们才能更好地开展可靠性分析、可靠性设计、可靠性评估等工作。在本章中,我们主要阐述确信可靠性理论中的度量问题。首先,同时考虑随机不确定性和认知不确定性的影响,基于机会理论、不确定理论、概率论三大数学理论,给出确信可靠性度量的一般性定义。然后,从性能裕量和故障时间两个角度阐释确信可靠度的理论及工程内涵,并形成确信可靠性度量框架。随后,在确信可靠度定义的基础上,结合可靠性工程的实际需求,构建了确信可靠性指标体系。最后,介绍了确信可靠性指标体系中占据重要地位的确信可靠分布的获取方法。

3.1 确信可靠度的定义

在可靠性工程中,我们通常关注于系统在规定条件下的状态,然后从这一状态入手去衡量系统是否故障以及系统可靠度是多少。

所谓系统状态,指的是系统在某个时间点的情况或表现出来的形态。由于可靠性关注的是产品能够完成规定功能的能力,因此在可靠性领域中,人们通常关注的是系统的功能状态和非功能状态。功能状态指系统能够完成规定功能的情况,包括完全正常的工作状态以及不影响功能实现的性能降级状态;非功能状态指系统不能完成规定功能的情况,包括完全不能完成规定功能的故障状态及影响功能实现的性能降级状态。

一般而言,不同的系统状态将导致不同的系统行为。所谓系统行为,就是系统状态随时间变化的特性。例如,系统的功能状态随时间变化而表现出来的特性就是功能行为,系统的性能降级状态随时间变化而表现出来的特性就是退化行为,系统的故障状态随时间变化而表现出来的特性就是故障行为。

根据以上的论述,如果能够对系统状态和系统行为进行合理的描述,那么

就能基本全面地了解系统的整体样貌和发展趋势,这对于可靠性的度量问题至
关重要。因此,为了提出确信可靠度的定义,我们首先引入状态变量及其可行
域的概念。

定义 3.1(状态变量与可行域)　状态变量是指能够描述系统行为的变量
组;可行域是指使系统功能不完全丧失的状态变量的取值空间。

在实际情况下,系统的状态变量受到随机不确定性和认知不确定性的共同
影响,我们称其为不确定随机系统。其中,"不确定"表示认知不确定性,"随
机"表示随机不确定性。因此,系统的状态变量是一个不确定随机变量。当这
个状态变量处于可行域中时,便意味着系统是工作的。因此,我们给出如下的
确信可靠度定义。

定义 3.2(确信可靠度[1])　设系统的状态变量 ξ 是一个不确定随机变量,
其可行域为 Ξ。那么,系统的确信可靠度被定义为状态变量处于可行域中的机
会,即

$$R_{\mathrm{B}} = \mathrm{Ch}\{\xi \in \Xi\} \tag{3.1}$$

注解 3.1　如果状态变量 ξ 退化为一个随机变量,那么确信可靠度就是一
个概率。令 $R_{\mathrm{B}}^{(\mathrm{P})}$ 表示概率论下的确信可靠度,则

$$R_{\mathrm{B}} = R_{\mathrm{B}}^{(\mathrm{P})} = \mathrm{Pr}\{\xi \in \Xi\}$$

这意味着系统主要受到随机不确定性的影响,退化为一个随机系统。此时,确
信可靠度在数学上退化为概率测度下的可靠度,即经典的概率可靠度,表示的
是状态变量在可行域内的频率。

注解 3.2　如果状态变量 ξ 退化为一个不确定变量,那么确信可靠度就是
一个信度。令 $R_{\mathrm{B}}^{(\mathrm{U})}$ 表示不确定理论下的确信可靠度,则

$$R_{\mathrm{B}} = R_{\mathrm{B}}^{(\mathrm{U})} = \mathcal{M}\{\xi \in \Xi\}$$

这意味着系统主要受到认知不确定性的影响,退化为一个不确定系统。此时,
确信可靠度在数学上退化为不确定测度下的可靠度,表示的是我们对于状态变
量在可行域内的信度。

需要指出的是,在定义 3.2 中,状态变量 ξ 描述了系统的行为,而可行域
Ξ 则反映了功能可行的判据。由于实际情况下系统的行为及其相关判据通
常都是随时间变化的,ξ 和 Ξ 都有可能与时间有关。因此,系统确信可靠度
通常是时间 t 的函数,用 $R_{\mathrm{B}}(t)$ 来表示。在本书中,我们称 $R_{\mathrm{B}}(t)$ 为确信可靠
度函数。

在可靠性工程中,状态变量 ξ 通常是一个可以通过试验、物理模型或在线
监测得到的一个物理量;可行域 Ξ 则通常被描述为实数集的一个子集,例如一
个区间,且这个子集包含了所有可以接受的 ξ 的取值。当得到的 ξ 落在 Ξ 之内

时,则系统可行,否则我们认为系统不可行。例如,ξ 可以是系统的性能裕量,则 $\xi>0$ 意味着系统可行,能工作,那么相应地,Ξ 就是区间$(0,+\infty)$。在下一节中,我们将从故障时间和性能裕量两个方面来详细介绍确信可靠度的内涵。

另外,由式(3.1)定义的确信可靠度还有两条重要的性质。

性质 3.1 确信可靠度 R_B 的取值范围为$[0,1]$。在确信可靠度的取值范围内,有一些点具有特殊的含义:

- $R_B=0$ 是确信可靠度可能取到的最小值,它表示在已有信息的条件下,系统是完全不可靠的(完全确信不可靠状态);
- $R_B=1$ 是确信可靠度可能取到的最大值,它表示在已有信息的条件下,系统是完全可靠的(完全确信可靠状态);
- $R_B=0.5$ 是确信可靠度受不确定性影响最大的状态。这是由于,当 $R_B=0.5$ 时,系统可行和不可行的机会是相等的,我们不能得出系统是更加可能正常还是更加可能故障的结论(状态不确定)。

性质 3.2 设系统 1 和系统 2 的确信可靠度分别为 $R_{B,1}$ 和 $R_{B,2}$,若 $R_{B,1}>R_{B,2}$,则认为系统 1 相对于系统 2 更加可靠。

3.2 确信可靠度的内涵

上一节中提到,状态变量 ξ 描述了系统的行为,可行域 Ξ 反映了功能可行的判据。在可靠性工程中,状态变量 ξ 具有明确的物理意义,也对应着不同的 Ξ。根据 ξ 描述系统行为类别的区别,常用的状态变量有两个:

(1) 性能裕量 m,能够描述系统的功能行为;

(2) 故障时间 T,能够描述系统的故障行为。

在上述两个不同的状态变量下,选取相应的可行判据,就能够得到两个式(3.1)的特殊情况,即在不同物理意义下的确信可靠度。需要指出的是,故障行为实际上是由于功能行为的失效而导致的,它是功能行为的最终表现形式,因此最核心的状态变量为性能裕量 m。本节将对这两类情况及其意义一一进行介绍,并探讨它们之间的转换关系。

情况 3.1 状态变量表示性能裕量 m,即描述系统的功能行为。由于 m 描述的是一个性能参数到其故障阈值的距离,所以当 $m<0$ 时,功能将丧失,$m=0$ 时,系统处于不稳定的临界状态。因此,在这一情况下,我们将可行域置为$(0,+\infty)$,则关于性能裕量的确信可靠度函数可以写为:

$$R_B=\text{Ch}\{m>0\} \tag{3.2}$$

如果我们考虑系统整个寿命周期过程中性能裕量的退化过程,则状态变量

变为时间 t 的函数 $m(t)$，此时系统的确信可靠度函数为

$$R_{\mathrm{B}}(t) = \mathrm{Ch}\{m(t)>0\} \qquad (3.3)$$

情况 3.2　状态变量表示故障时间 T，即描述系统的故障行为。若故障时间 T 大于 t，则系统在 t 时刻是可靠的。因此，通过将故障时间 T 的可行域置为 $(t,+\infty)$，即可行域是时间 t 的函数，可以得到系统在 t 时刻的确信可靠度。关于故障时间的确信可靠度函数可以写为

$$R_{\mathrm{B}}(t) = \mathrm{Ch}\{T>t\} \qquad (3.4)$$

可以注意到，故障时间 T 是性能裕量 m 退化到 0 时对应的时间，因此，考虑时间的影响，在系统的寿命周期内，系统的功能行为（由 m 描述）最终会转化为系统的故障行为（由 T 描述）。基于情况 3.1 中的介绍，$m(t)$ 实际上是一个不确定随机过程（即随时间变化的不确定随机变量）。若这个过程的阈值设置为 0，则 $m(t)$ 的首达时（First hitting time）为

$$t_0 = \inf\{t \geqslant 0 \mid m(t) = 0\}$$

这个首达时 t_0 本质上就是系统的故障时间 T。若设首达时的机会分布为 $Y(t)$，则两种情况之间有如下转换关系：

$$R_{\mathrm{B}}(t) = \mathrm{Ch}\{T>t\} = 1-Y(t) = \mathrm{Ch}\{m(t)>0\}$$

3.3　确信可靠性的度量框架

基于以上对确信可靠性定义和两大内涵的讨论，确信可靠性的度量框架已基本形成，如图 3.1 所示。

图 3.1　确信可靠性的度量框架

确信可靠性的度量框架主要包含三方面含义。第一，确信可靠性的理论核心是确信可靠度，其数理基础是机会理论、概率论和不确定理论，这三大理论为

度量可靠性提供了前提。第二,确信可靠性的研究对象是不确定随机系统,确信可靠度是在机会测度下定义的,用来度量不确定随机系统的可靠性。当不确定随机系统退化为随机系统或不确定系统时,则确信可靠度分别退化为概率测度下或不确定测度下的可靠性度量。第三,确信可靠性包含两个子研究框架,可分别从性能裕量和故障时间的角度对确信可靠性进行度量与分析。确信可靠性的两个子框架是基于确信可靠度的基本定义及内涵生发而来的。对于性能裕量子框架,需要讨论模型不确定性和参数不确定性对性能裕量的影响,以及如何通过性能裕量模型对确信可靠性进行度量、分析、设计与验证;对于故障时间子框架,需要分别研究在故障时间数据量大小不同时如何对确信可靠性进行度量与分析。需要重点说明的是,由于性能裕量子框架中最关键的确信可靠度的表达可以通过数学推导的方式转化得到故障模式子框架中的确信可靠度,因此性能裕量子框架在整个确信可靠性理论框架中占据核心地位,这与可靠性科学的理论话语是相统一的。

3.4　确信可靠性的指标体系

在本节中,我们基于3.1节中确信可靠度定义,在机会理论的框架下,定义一系列确信可靠性度量指标,在此基础上构建确信可靠性度量指标体系。3.4.1—3.4.4节分别给出确信可靠分布、确信可靠寿命、平均故障前时间、故障时间方差四种确信可靠性度量指标的定义;3.4.5节基于机会理论,推导了这些指标之间的相互转换关系,完成了确信可靠性度量指标体系的构建。

3.4.1　确信可靠分布

定义 3.3(确信可靠分布[1])　假设系统的状态变量 ξ 是一个不确定随机变量,那么 ξ 的机会分布 $\Phi(x)$ 被定义为确信可靠分布,即

$$\Phi(x) = \mathrm{Ch}\{\xi \leqslant x\} \tag{3.5}$$

例 3.1: 当状态变量表示系统故障时间 T 时,确信可靠分布就是故障时间 T 的机会分布,表示为 $\Phi(t) = \mathrm{Ch}\{T \leqslant t\}$。在这种情况下,$\Phi(t)$ 和确信可靠度函数的和为1,即

$$\Phi(t) + R_{\mathrm{B}}(t) = 1$$

例 3.2: 当状态变量表示系统性能裕量 m 时,确信可靠分布就是性能裕量 m 的机会分布,表示为 $\Phi(x) = \mathrm{Ch}\{m \leqslant x\}$。

需要注意的是,由于概率分布和不确定分布都是机会分布的一种特殊情况,因此,基于概率论的经典可靠性理论中的寿命分布也是确信可靠分布的

一种。

3.4.2　确信可靠寿命

定义 3.4(确信可靠寿命[1])　假设系统故障时间 T 是一个不确定随机变量,系统的确信可靠度函数为 $R_B(t)$。令 α 为一个区间 $(0,1)$ 内的实数,则定义系统确信可靠寿命为

$$T(\alpha) = \sup\{t \mid R_B(t) \geq \alpha\} \tag{3.6}$$

例 3.3： 系统的 BL1 寿命定义为

$$t_{BL1} = T(0.9) = \sup\{t \mid R_B(t) \geq 0.9\}$$

该寿命是最为常用的确信可靠寿命之一。这个寿命的意义是,系统有 0.9 的机会工作到 t_{BL1} 这个时间。

例 3.4： 中位时间也是可靠性工程中一种常用的确信可靠寿命,其定义为

$$t_{med} = T(0.5) = \sup\{t \mid R_B(t) \geq 0.5\}$$

能够明显看到,判断系统是否能够工作到 t_{med} 是最困难的,这是因为系统在 t_{med} 时刻的确信可靠度和确信不可靠度均为 0.5,系统能否工作到 t_{med} 的机会是均等的。

根据确信可靠寿命的定义,我们知道确信可靠寿命表征的是系统的确信可靠度为 α 时对应的时间,所以确信可靠寿命与确信可靠度函数是反函数的关系,即

$$R_B(T_\alpha) = \alpha$$

因此,在状态变量为故障时间时的确信可靠分布与确信可靠寿命有如下关系:

$$\Phi(T_\alpha) = 1 - R_B(T_\alpha) = 1 - \alpha$$

3.4.3　平均故障前时间

定义 3.5(平均故障前时间[1])　假设系统的故障时间 T 是一个不确定随机变量,系统的确信可靠度函数为 $R_B(t)$。则系统的平均故障前时间 MTTF (Mean Time to Failure)定义为

$$\text{MTTF} = E[T] = \int_0^\infty \text{Ch}\{T > t\}\,dt = \int_0^\infty R_B(t)\,dt \tag{3.7}$$

平均故障前时间是故障时间 T 这个不确定随机变量在机会测度意义下的均值,度量在平均机会下,故障时间的中心位置。MTTF 还可以通过确信可靠寿命计算得到。

定理 3.1[1]　设系统确信可靠度函数 $R_B(t)$ 是一个在 $0 < R_B(t) < R_B(0) \leq 1$ 上严格单调减的连续函数,且 $\lim_{t \to +\infty} R_B(t) = 0$。如果系统的确信可靠寿命为

$T(\alpha)$,平均故障前时间为 MTTF,则有

$$\mathrm{MTTF} = \int_0^1 T(\alpha)\,\mathrm{d}\alpha \tag{3.8}$$

证明:假设系统故障时间 T 的确信可靠分布为 $\Phi(t)$,那么我们有 $\Phi(t) = 1 - R_\mathrm{B}(t)$。根据 $R_\mathrm{B}(t)$ 的特点可知 $R_\mathrm{B}(t)$ 有逆函数,所以 $\Phi(t)$ 也有逆分布 $\Phi^{-1}(\alpha)$。由定义 3.4 得

$$T(\alpha) = \sup\{t \mid \Phi(t) \leqslant 1-\alpha\} = \Phi^{-1}(1-\alpha)$$

因此,MTTF 可以写为

$$\begin{aligned}
\mathrm{MTTF} = E[T] &= \int_0^1 \Phi^{-1}(\alpha)\,\mathrm{d}\alpha \\
&= \int_0^1 \Phi^{-1}(1-\alpha)\,\mathrm{d}\alpha \\
&= \int_0^1 T(\alpha)\,\mathrm{d}\alpha
\end{aligned}$$

3.4.4 故障时间方差

定义 3.6(故障时间方差[1]) 假设系统故障时间 T 是一个不确定随机变量,且系统的平均故障前时间为 MTTF,则系统的故障时间方差 VFT(Variance of Failure Time)定义为

$$\mathrm{VFT} = V[T] = E[(T-\mathrm{MTTF})^2] \tag{3.9}$$

故障时间方差还可以通过确信可靠度函数来进行计算。

定理 3.2[1] 设系统确信可靠度函数是 $R_\mathrm{B}(t)$,那么故障时间方差可以通过下式计算:

$$\mathrm{VFT} = \int_0^{+\infty} (R_\mathrm{B}(\mathrm{MTTF} + \sqrt{t}) + 1 - R_\mathrm{B}(\mathrm{MTTF} - \sqrt{t}))\,\mathrm{d}t \tag{3.10}$$

证明:因为 $(T\text{-}\mathrm{MTTF})^2$ 是一个非负的不确定随机变量,则我们由

$$\begin{aligned}
\mathrm{VFT} &= \int_0^{+\infty} \mathcal{M}\{(T - \mathrm{MTTF})^2 \geqslant t\}\,\mathrm{d}t \\
&= \int_0^{+\infty} \mathcal{M}\{(T > \mathrm{MTTF} + \sqrt{t}) \cup (T \leqslant \mathrm{MTTF} - \sqrt{t})\}\,\mathrm{d}t \\
&\leqslant \int_0^{+\infty} (\mathcal{M}\{T > \mathrm{MTTF} + \sqrt{t}\} + \mathcal{M}\{T \leqslant \mathrm{MTTF} - \sqrt{t}\})\,\mathrm{d}t \\
&= \int_0^{+\infty} (R_\mathrm{B}(\mathrm{MTTF} + \sqrt{t}) + 1 - R_\mathrm{B}(\mathrm{MTTF} - \sqrt{t}))\,\mathrm{d}t
\end{aligned}$$

由于机会测度具有次可加性,我们规定用 VFT 的上界来度量故障时间方差,也即

$$\mathrm{VFT} = \int_0^{+\infty} (R_\mathrm{B}(\mathrm{MTTF} + \sqrt{t}) + 1 - R_\mathrm{B}(\mathrm{MTTF} - \sqrt{t}))\,\mathrm{d}t$$

根据以上定理,我们发现 VFT 还可以通过确信可靠寿命计算得到。

定理 3.3　设系统的故障时间 T 是一个不确定随机变量,系统的确信可靠度函数和确信可靠寿命分别为 $R_B(t)$ 和 $T(\alpha)$,平均故障前时间为 MTTF,则系统的故障时间方差为

$$\text{VFT} = \int_0^1 (T(\alpha) - \text{MTTF})^2 \mathrm{d}\alpha \tag{3.11}$$

证明: 令 $x = \text{MTTF} + \sqrt{t}$,$y = \text{MTTF} - \sqrt{t}$,则式(3.11)可化为

$$\text{VFT} = \int_0^{+\infty} (R_B(\text{MTTF} + \sqrt{t}) + 1 - R_B(\text{MTTF} - \sqrt{t})) \mathrm{d}t$$

$$= \int_0^{+\infty} R_B(\text{MTTF} + \sqrt{t}) \mathrm{d}t + \int_0^{+\infty} (1 - R_B(\text{MTTF} - \sqrt{t})) \mathrm{d}t$$

$$= \int_{\text{MTTF}}^{+\infty} R_B(x) \mathrm{d}(x - \text{MTTF})^2 + \int_{\text{MTTF}}^0 (1 - R_B(y)) \mathrm{d}(y - \text{MTTF})^2$$

$$= R_B(x) \cdot (x - \text{MTTF})^2 \big|_{\text{MTTF}}^{+\infty} - \int_{\text{MTTF}}^{\infty} (x - \text{MTTF})^2 \mathrm{d}R_B(x) +$$

$$(1 - R_B(y)) \cdot (y - \text{MTTF})^2 \big|_{\text{MTTF}}^0 - \int_{\text{MTTF}}^0 (y - \text{MTTF})^2 \mathrm{d}(1 - R_B(y))$$

$$= - \left(\int_{\text{MTTF}}^{\infty} (x - \text{MTTF})^2 \mathrm{d}R_B(x) + \int_0^{\text{MTTF}} (y - \text{MTTF})^2 \mathrm{d}R_B(y) \right)$$

$$= - \int_0^{\infty} (x - \text{MTTF})^2 \mathrm{d}R_B(x)$$

令 $\alpha = R_B(x)$,则 $x = T(\alpha)$,变量代换得

$$\text{VFT} = - \int_1^0 (T(\alpha) - \text{MTTF})^2 \mathrm{d}\alpha$$

$$= \int_0^1 (T(\alpha) - \text{MTTF})^2 \mathrm{d}\alpha$$

定理得证。

3.4.5　各指标的转化关系

在以上的章节中,我们介绍了确信可靠分布、确信可靠寿命、平均故障前时间以及故障时间方差四类可靠性指标。这四类指标与确信可靠度函数一起,构成了确信可靠性的指标体系。这些指标的转化关系如图 3.2 所示。

可以看到,在这个体系中,确信可靠度函数处于中心地位,给定确信可靠度函数,就能计算其他确信可靠度指标,因此确信可靠度函数是度量系统确信可靠性的核心指标。需要强调的是,在指标体系中,确信可靠分布是最容易与确信可靠度函数相互转化的指标,因此通过确信可靠分布获取确信可靠度函数是最为重要的一种对系统确信可靠性开展的评估方法。在下一节中,我们将详细

介绍确信可靠分布的获取及构造方法,从而更好地开展确信可靠性分析与评估。

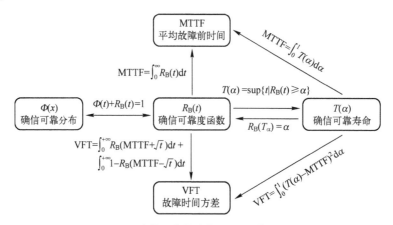

图 3.2　确信可靠性指标之间的转化关系

3.5　确信可靠分布的获取方法

确信可靠分布可以分为机会分布、概率分布和不确定分布。机会分布理论仍有待发展,概率分布的获取方法比较成熟,因此,本书主要介绍不确定分布的获取方法。在现有的不确定分布获取方法中,主要可分为两类:一类是已知分布类型求解参数;一类是未知分布类型,用已知信息拟合分布。现有的不确定分布类型仍未证明适合于何种可靠性问题,而拟合方法获取形状未知的不确定分布过于依赖专家信息。因此,本书介绍一种基于最大熵的确信可靠分布获取方法。

本书介绍一种基于最大熵的确信可靠分布获取方法[2]。熵的概念最早出现在热力学理论中,热力学第二定律又名熵增定率,可以表述为:不可逆热力过程中熵的微增量总是大于零。后来,熵引入到信息论中,是信息量的一种测度,用以度量信息源的不确定性。其后,Jaynes[3]以信息熵最大为出发点,推导出了统计物理学中已知的分布,其推导过程比数学推导更为简单,为认识物理学事实提供了新的思路。Jaynes 的信息熵最大方法,也就是以概率论为基础的最大熵原理。其内涵为最少偏见的概率分布是一种使熵在根据已知信息的约束条件下最大化的分布。其特点为所确定的概率分布应与已知信息即所测得的数据或样本相吻合,同时应该对尚未知的部分不做出任何的主观假定。以概率论为基础的最大熵原理广泛应用于求解不同专业领域的各种不适定(即有多种可能解)的问题。

3.5.1　最大熵模型

定义 3.7(不确定熵[4])　假设 ξ 是一个不确定变量,其不确定分布为 Φ,那么,ξ 的不确定熵定义为

$$H[\xi] = \int_{-\infty}^{+\infty} S(\Phi(x)) \mathrm{d}x \tag{3.12}$$

其中:$S(t) = -t\ln t - (1-t)\ln(1-t)$。

定义 3.8(k 阶矩[5])　假设 ξ 是一个不确定变量,其不确定分布为 Φ,k 是一个正整数,那么 ξ 的 k 阶矩定义为

$$E[\xi^k] = \int_{-\infty}^{+\infty} x^k \mathrm{d}\Phi(x) \tag{3.13}$$

模型的基本符号定义为:ξ 表示一个不确定变量;$\Phi(x)$ 表示 ξ 的不确定分布;μ_k 表示 ξ 的 k 阶矩($k = 1, 2, \cdots$)。

优化模型定义如下:

$$\begin{cases} \max H[\xi] = \int_{-\infty}^{+\infty} S(\Phi(x)) \mathrm{d}x \\ \mathrm{s.\,t.} \\ \int_{-\infty}^{+\infty} x^k \mathrm{d}\Phi(x) = \mu_k \quad (k = 1, 2, \cdots) \end{cases} \tag{3.14}$$

具体地:

$$\begin{cases} \max H[\xi] = -\int_{-\infty}^{+\infty} \Phi(x)\ln\Phi(x) + (1 - \Phi(x))\ln(1 - \Phi(x)) \mathrm{d}x \\ \mathrm{s.\,t.} \\ \int_{-\infty}^{+\infty} x^k \mathrm{d}\Phi(x) = \mu_k \quad (k = 1, 2, \cdots) \end{cases}$$

$$\tag{3.15}$$

3.5.2　模型求解

本节利用线性插值方法对确信可靠分布进行估计。

假设插值数目为 N,插值点为 $(x_1, x_2, \cdots, x_N)$,那么对于 $\forall x$ 有

$$\Phi(x) = \begin{cases} 0 & (x < x_1) \\ \alpha_i + \dfrac{(\alpha_{i+1} - \alpha_i)(x_{i+1}^{k+1} - x_i^{k+1})}{(k+1)(x_{i+1} - x_i)} & (x_i < x < x_{i+1}) \quad (i = 1, 2, \cdots, N-1) \\ 1 & (x > x_N) \end{cases}$$

$$\tag{3.16}$$

那么,公式(3.14)可以写作

$$E[\xi^k] = \sum_{i=1}^{N-1} \frac{(\alpha_{i+1} - \alpha_i)(x_{i+1}^{k+1} - x_i^{k+1})}{(k+1)(x_{i+1} - x_i)} \quad (k = 1, 2, \cdots) \quad (3.17)$$

当信度满足:

$$\alpha_i = (2i-1)/2N \quad (i = 1, 2, \cdots, N) \quad (3.18)$$

公式(3.13)可以写作

$$H = N \times \sum_{i=1}^{N-1} p(i) \times (x_{i+1} - x_i) \quad (3.19)$$

其中,$p(i)$可由下式计算得到。

$$
\begin{aligned}
p(i) = &-0.5(\alpha_{i+1}^2 \ln(\alpha_{i+1}) - \alpha_i^2 \ln(\alpha_i)) + 0.25(\alpha_{i+1}^2 - \alpha_i^2) \\
&-0.5((1-\alpha_i)^2 \ln(1-\alpha_i) - (1-\alpha_{i+1})^2 \ln(1-\alpha_{i+1})) \\
&+0.25((1-\alpha_i)^2 - (1-\alpha_{i+1})^2)
\end{aligned}
\quad (3.20)
$$

那么,模型(3.15)就可以写作:

$$
\begin{cases}
\max H[\xi] = N \times \sum_{i=1}^{N-1} p(i) \times (x_{i+1} - x_i) \\
\text{s.t.} \\
\sum_{i=1}^{N-1} \frac{(\alpha_{i+1} - \alpha_i)(x_{i+1}^{k+1} - x_i^{k+1})}{(k+1)(x_{i+1} - x_i)} - \mu_k = 0 \quad (k = 1, 2, \cdots) \\
x_1 < x_2 < \cdots < x_N
\end{cases}
\quad (3.21)
$$

可以看出转化后的模型(3.22)是一个典型的非线性规划问题,可以通过遗传算法来进行求解。

3.5.3 模型验证

在不确定理论中,陈孝伟和戴鞞[6]二人证明了在已知期望值和方差时的最大熵定理。

定理 3.4(最大熵定理[6]) 设 ξ 是一个不确定变量,它的期望值是 μ,方差是 σ^2,那么

$$H[\xi] \leqslant \frac{\pi\sigma}{\sqrt{3}} \quad (3.22)$$

当且仅当不确定变量是期望值为 μ、方差为 σ^2 的正态不确定变量($\mathcal{N}(\mu,\sigma)$)时,等号成立。

根据最大熵定理可以知道:在已知一阶矩和二阶矩的情况下,确信可靠分布的形式是确定的。

以期望值 $\mu = 5$、方差 $\sigma^2 = 25$、插值点数 $N = 500$ 为例,对优化结果和不确定

分布进行对比分析。

对比分析的结果如图 3.3 所示。图 3.3 中红色的线表示基准不确定分布曲线,蓝色的线表示优化结果拟合曲线。红色的线和蓝色的线几乎是重合的,这说明了提出的模型解法是有效的。

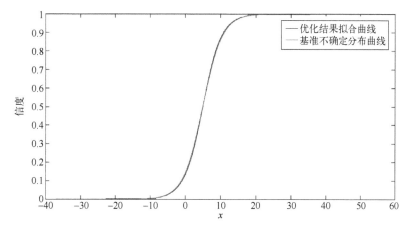

图 3.3 优化结果拟合曲线和基准不确定分布曲线(彩图见插图)

优化结果拟合曲线和基准不确定分布曲线之间的误差如图 3.4 所示。从图 3.4 可以看到,二者之间的误差不超过 0.015。进一步说明了提出的模型可以有效地对确信可靠分布进行估计。

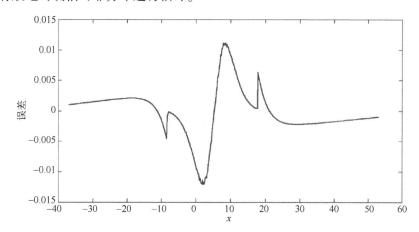

图 3.4 优化结果拟合曲线和基准不确定分布曲线之间的误差(彩图见插图)

3.5.4 灵敏度分析

根据公式(3.23),可以容易地发现熵的大小是与方差的大小相关的。因

71

此,首先对方差进行灵敏度分析。

图 3.5 展示了在期望值 $\mu=5$ 和插值数 $N=100$ 时,优化结果拟合曲线和基准不确定分布曲线之间的误差随方差变化的结果。从图 3.5 中可以清楚地看到,随着方差的增大,误差的峰值也在逐渐增大。由此可以推断,优化结果拟合曲线的精确性会随着方差的增大而减小。一种合理的解释为方差可表示数据的离散程度:方差越大,数据的离散程度越大,整体数据的不确定性越大。那么对这样的数据进行优化拟合,其精确性就会受到数据不确定性的影响而降低。

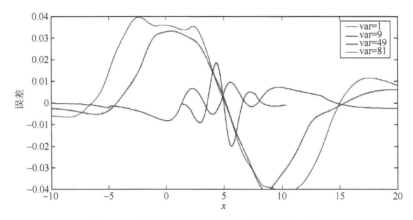

图 3.5　方差的灵敏度分析结果(彩图见插图)

根据公式(3.20),可以看到不确定熵与插值数 N 密切相关。因此,接下来对插值数进行灵敏度分析。

图 3.6 和图 3.7 分别展示了插值点数 N 从 5 变化到 100 时优化结果拟合曲线与基准不确定分布曲线之间的差距。从图 3.6 中可以看出,在插值点数较少时,优化结果拟合曲线可以对线性部分进行较好的估计,但是在接近 0 和接近 1 的部分,误差较大。从图 3.7 中可以看出,随着插值数的逐渐增多,优化结果拟合曲线对基准曲线的曲线部分进行了更优的估计。结合图 3.6 和图 3.7 可以做出这样的推断:在对 0.5 附近的线性部分进行估计时,可以采用较少的插值数来提高优化效率;在对 0 和 1 附近的曲线部分进行估计时,需要采用较多的插值数来提高估计精度。

基于最大熵原理的确信可靠分布获取方法适用于解决已知 $k-$ 阶矩的情况下对确信可靠分布进行估计。基于最大熵原理的确信可靠分布模型可以用过线性插值的方法转化为非线性规划问题,进而通过遗传算法进行求解。通过与陈孝伟和戴鞾提出的最大熵原理进行对比分析,验证了提出的基于最大熵原理的确信可靠分布模型是正确而有效的。基于最大熵原理的确信可靠分布模型的精确性受到插值数和方差的共同影响。通过控制变量法,可以发现模型精确性随插值数目的增多而提高,随方差的增大而降低。在实际应用模型时,需要考虑模型的数据特征和模型结果的精确性要求,选择合适的插值数,以提高模型的计算效率。

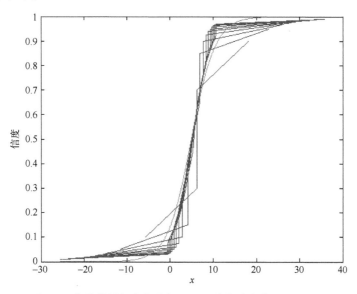

图 3.6　优化结果拟合曲线与基准不确定分布曲线的对比图
($N=5:5:50$)(彩图见插图)

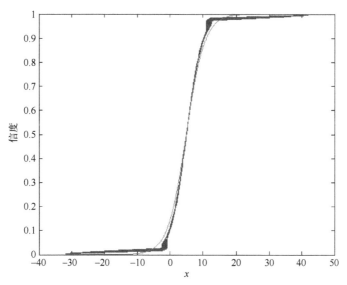

图 3.7　优化结果拟合曲线与基准不确定分布曲线的对比图
($N=55:5:100$)(彩图见插图)

参考文献

[1] ZHANG Q Y, KANG R, WEN M L. Belief reliability for uncertain random systems[J]. IEEE Transactions on Fuzzy Systems, 2018, 26(6):605-3614.

[2] ZU T P, KANG R, WEN M L, et al. Belief reliability distribution based on maximum entropy priciple[J]. IEEE ACCESS, 2018, 6:1577-1582.

[3] JAYNES E T. Information theory and statistical mechanics[J]. Physical Review, 1957, 106 (4):620-630.

[4] LIU B D. Some research problems in uncertainty theory[J]. Journal of Uncertain Systems, 2009, 3(1):3-10.

[5] LIU B D, CHEN X W. Uncertain multi-objective programming and uncertain goal programming[J]. Journal of Uncertainty Analysis and Applications, 2015, 3:10.

[6] CHEN X W, DAI W. Maximum entropy principle for uncertain variables[J]. International Journal on Fuzzy Systems, 2011, 13(3):232-236.

第4章

单元确信可靠性建模与分析

第4章和第5章主要讨论确信可靠性理论中的第二个基本问题:确信可靠性建模与分析。确信可靠性建模与分析是指对给定的单元或系统建立可靠性模型,并分析计算确信可靠性指标的过程。本章主要关注单元层次的确信可靠性建模与分析方法。

由于单元确信可靠性建模与分析是基于性能裕量模型展开的,因此本章首先对基于模型的确信可靠性分析方法进行介绍。然后,从参数不确定性和模型不确定性的角度入手,提供两类单元确信可靠性建模与分析方法。第一,只考虑参数不确定性对性能裕量模型的影响,构建单元确信可靠性模型,通过不确定仿真的方法,获取单元确信可靠性指标。第二,同时考虑参数和模型不确定性对性能裕量模型的影响,从设计裕量、随机不确定性因子和认知不确定性因子的角度,建立基于性能裕量的确信可靠性模型,并计算相应指标。

4.1 基于模型的确信可靠性分析方法

本节将介绍基于模型的确信可靠性分析方法的一些基本概念及一般性思路,这是单元确信可靠性建模与分析的基础。这种可靠性分析方法通常是基于产品的性能裕量模型展开的,通过对参数和模型的不确定性进行量化和传播,从而获取产品的可靠性指标。因此,本节首先对性能裕量进行介绍,然后对性能裕量模型的不确定性开展分析与讨论,最后简要介绍基于模型的可靠性分析方法的基本流程。

4.1.1 性能裕量

为了详细介绍开展基于模型的确信可靠性分析及评估方法的步骤,首先引入三个概念:性能参数、故障阈值和性能裕量。

定义 4.1(性能参数与故障阈值[1]) 若产品功能完成情况能够用参数

p 及与之对应的 p_{th} 进行表征,使得当 p 超出 p_{th} 限定的范围时,产品发生故障,则称参数 p 为该产品的一个性能参数,参数 p_{th} 为性能参数 p 对应的故障阈值。

按照故障阈值 p_{th} 对性能参数 p 的限定形式,性能参数可以分为三类:

(1) 望小性能参数(Smaller-The-Better,STB):当且仅当 $p \geqslant p_{th}$ 时,产品发生故障,则称这样的性能参数为望小的性能参数。

(2) 望大性能参数(Larger-The-Better,LTB):当且仅当 $p \leqslant p_{th}$ 时,产品发生故障,则称这样的性能参数为望大的性能参数。

(3) 望目性能参数(Nominal-The-Better,NTB):当且仅当 $p \leqslant p_{th,L}$ 或 $p \geqslant p_{th,U}$ 时,产品发生故障,则称这样的性能参数为望目的性能参数。

定义 4.2(性能裕量[1]) 设 p 为产品的性能参数, p_{th} 为该性能参数对应的故障判据,则定义

$$m = \begin{cases} \dfrac{p_{th}-p}{p_{th}} & (p \text{ 是 STB}) \\[3mm] \dfrac{p-p_{th}}{p_{th}} & (p \text{ 是 LTB}) \\[3mm] \min\left(\dfrac{p_{th,U}-p}{p_{th,U}}, \dfrac{p-p_{th,L}}{p_{th,L}}\right) & (p \text{ 是 NTB}) \end{cases} \qquad (4.1)$$

为性能参数 p 所对应的性能裕量。

从该定义中可以发现,性能裕量 m 是一个无量纲的量。当性能裕量 $m>0$ 时,性能参数不会达到故障阈值,产品是可行的;当 $m<0$ 时,性能参数已经超过故障阈值,产品不可行;当 $m=0$ 时,性能参数与故障阈值重合,产品处于不稳定的临界状态。在实际情况下,由于产品受到各种不确定性的影响,因此性能裕量也是一个不确定的量。通过对性能裕量不确定性的量化,能够计算产品的确信可靠度指标。

4.1.2 性能裕量的参数不确定性和模型不确定性

在基于模型的确信可靠性分析方法中,通常需要根据产品故障的物理过程或物理原因来构建性能裕量模型。由于在建模过程中对实际的物理过程进行了或多或少的假设、简化,并且考虑了相关参数的波动与变化,因此性能裕量模型及其参数都会受到不确定性的影响。本书把性能裕量模型中相关参数的离散性、波动性称为性能裕量的参数不确定性(简称参数不确定性),将性能裕量模型本身结构和预测结果的非精确性称为性能裕量的模型不确定性(简称模型不确定性)。

为了清晰地分析参数不确定性和模型不确定性,我们考虑一个一般的不确定性结构:

$$m = f(\boldsymbol{x}) + \varepsilon$$

式中:m 表示性能裕量模型的模型输出(Model output);f 表示模型的形式或结构(Model form/structure);$\boldsymbol{x}$ 表示模型中的参数向量(Parameter vector);ε 表示模型偏差(Model error)。可以看到,式中参数向量 $\boldsymbol{x}$ 的不确定性就是参数不确定性;f 和 ε 的不确定性统称为模型不确定性,其中,f 的不确定性被称作"模型结构不确定性"(或"模型形式不确定性"),ε 的不确定性被称作"模型预测不确定性"(或"模型输出不确定性")。

参数不确定性,即 $\boldsymbol{x}$ 的不确定性,通常是由一些物理参数的分散性特征导致的,如产品在设计、生产过程中引入的尺寸加工偏差、材料强度等随机不确定性因素;但在一些情况下,由于产品工作环境、使用条件等信息不足,人们对 $\boldsymbol{x}$ 的分散性特征的认知也会存在偏差,因此参数不确定性可能既受到随机不确定性的影响,又受到认知不确定性的影响。对于模型不确定性而言,情况相对复杂一些。一般认为,模型结构不确定性,即 f 的不确定性,主要与建模者的认知相关,因此只受到认知不确定性的影响;模型预测不确定性,即 ε 的不确定性,不仅由 f 的不确定性决定,也与 $\boldsymbol{x}$ 的不确定性密切相关。更具体地,模型结构的不确定性,决定了 ε 的均值大小,而参数的不确定性决定了 ε 的方差,因此模型预测不确定性通常受到随机和认知两类不确定性的共同影响。

4.1.3　基本分析流程

根据关于性能参数、故障阈值、性能裕量的定义以及对性能裕量不确定性的相关讨论,基于模型的确信可靠性分析方法的实施步骤可以概括为以下四步,如图 4.1 所示。

图 4.1　基于模型的可靠性分析流程

第一步是确定性能参数。理论上,满足定义 4.1 的参数都可以被选择为性能参数。但是,实际确定的性能参数还应该是容易测量与建模的。因此,性能参数一般可以选择与功能实现情况相关的参数,如表 4.1 所列。

第二步是明确故障阈值。故障阈值限定了产品正常工作时,性能参数允许变化的范围。因此,从产品的功能要求出发,明确性能参数所对应的故障阈值,如表 4.1 所列。

表 4.1　性能参数与故障阈值示例

参数类别	产　品	性　能　参　数	示例故障阈值	故障发生的条件
与功能实现情况直接相关的参数	功率输出轴	扭矩	满足功能要求的扭矩范围	实际输出的扭矩不满足功能要求
	电液伺服阀	频率响应衰减量	满足功能要求的频率响应衰减量	频率响应衰减量不满足功能要求

第三步是建立描述性能裕量的确定性模型,这是基于模型的确信可靠性分析方法的关键。在本书中,我们假定性能裕量模型具有如下式的一般形式:

$$m = g_m(x;t) \tag{4.2}$$

式中:$g_m(\cdot)$ 表示性能裕量模型;x 表示模型输入参数构成的向量;t 表示时间。在建立裕量模型时,一方面,需要考虑实现正常功能的机理,例如,SPICE 仿真模型能够用来预测电压、电流等电学参数,Simulink 仿真模型能够用来预测稳态误差、超调量等控制系统的参数;另一方面,还需要考虑故障机理对性能参数的影响,例如,受到磨损机理影响的阀,其性能参数径向间隙即表现出随时间增大的行为。文献[2,3,4,5]详细介绍了基于故障物理的裕量模型建立方法。

最后一步是计算可靠性指标。在这一步中,需要考虑性能裕量受到的各类不确定性因素的影响,并考虑这些不确定性因素通过模型进行传播的机制与方法。为了描述参数 x 的不确定性,通常将其视为一组不确定随机变量组成的向量;为了描述模型的不确定性,可以采用加入不确定随机调整因子的方式来进行建模。那么,性能裕量 m 就是一个不确定随机变量(视作状态变量),确信可靠度即可通过式(3.3)进行计算,即

$$R_B = \mathrm{Ch}\{m > 0\}$$

需要指出的是,在经典的概率可靠性分析中,通常只考虑参数 x 的随机不确定性,不考虑参数的认知不确定性和模型的不确定性。因此,通过用概率密度函数 $f(\cdot)$ 来描述 x 中的每个参数,获得联合密度函数 $f_X(x)$,可靠度可以计算为

$$\begin{aligned}
R_P &= \mathrm{Pr}\{m > 0\} = \mathrm{Pr}\{g_m(x) > 0\} \\
&= \int \cdots \int_{g_m(x) > 0} f_X(x)\,\mathrm{d}x
\end{aligned} \tag{4.3}$$

事实上,这也是式(3.3)的一种退化情况。为了与考虑认知不确定性的确信可靠度进行区分,我们用 R_P 来表示这个可靠度。

4.2 节和 4.3 节将基于本节给出的确信可靠性分析方法,在考虑不同的参数不确定性和模型不确定性的情况下,分别讨论两种单元确信可靠性模型,并详细介绍确信可靠性的分析过程。

4.2　考虑参数不确定性的单元确信可靠性建模与分析

4.2.1　建模与分析方法

本小节主要讨论在两层参数不确定性的条件下,单元的确信可靠性建模与分析方法。两层参数不确定性的含义是,输入参数及其分布的参数均存在不确定性,输入参数主要受到随机不确定性的影响,而分布参数受到认知不确定性的影响。对于该问题的具体描述如下。

考虑一个单元的性能裕量模型 $g_m(\boldsymbol{x})$,其中 $\boldsymbol{x}$ 为输入参数向量 $\boldsymbol{x}=(x_1,x_2,$ $\cdots,x_n)$,例如结构的尺寸、力学特性等信息。考虑到输入参数的分散性特征(随机不确定性),将输入参数刻画为随机变量,用概率密度函数来刻画这些参数,即 $f(x_i \mid \theta_i)(i=1,2,\cdots,n)$,这是本节考虑的第一层参数不确定性。在经典的可靠性分析中,通常认为输入参数的概率分布是确定的,也就是说分布的参数 θ_i 是一个确定的值,可以通过参数估计的方法得到。然而实际情况中,难以收集到足够的数据对分布的参数进行准确地估计,这意味着输入参数的分布参数会受到认知不确定性的影响,因此不能简单地将分布参数 θ_i 看作一个定值。在本节中,用不确定理论来对认知不确定性进行建模,因此将 θ_i 刻画为不确定变量,它们均存在不确定分布 Φ_i,可以通过专家信息和知识进行评估,这是本节考虑的第二层参数不确定性。

综合上面的描述,我们做出如下基本假设:

(1) 单元的性能裕量模型为 $g_m(\boldsymbol{x})$,关注的确信可靠性指标为单元失效概率

$$p_f = \Pr\{g_m(\boldsymbol{x}) < 0\} \tag{4.4}$$

或单元确信可靠度

$$R_B^{(P)} = \Pr\{g_m(\boldsymbol{x}) > 0\} \tag{4.5}$$

(2)单元性能裕量模型的输入参数 $\boldsymbol{x}$ 受到随机不确定性的影响,用概率密度函数来刻画,即 $f(x_i \mid \theta_i)(i=1,2,\cdots,n)$。

(3) 概率密度函数的分布参数向量 $\boldsymbol{\Theta}=(\theta_1,\theta_2,\cdots,\theta_n)$ 受到认知不确定性的影响,向量中的元素是独立的不确定变量,用不确定分布来刻画,即 $\Phi_i(i=1,2,\cdots,n)$。

根据以上的基本假设,可以发现,当概率密度函数的分布参数 θ_i 有不确定分布时,确信可靠性指标不再是一个确定的值,而是变成了一个不确定变量。在性能裕量模型的基础上,对随机和认知不确定性进行传播,便可以获得相应

指标的不确定分布。本节分两种情况来讨论这一问题,为了方便,选择单元失效概率 p_f 作为确信可靠性指标。

1. p_f 为 Θ 的单调函数

在第一种情况下,p_f 可以写成 Θ 的单调函数,即

$$p_f = h(\Theta)$$

式中:$\Theta = (\theta_1, \theta_2, \cdots, \theta_n)$ 为输入参数概率密度函数的分布参数向量;h 是关于 Θ 严格单调的函数。根据前述假设(3),用不确定分布 $\Phi_1, \Phi_2, \cdots, \Phi_n$ 来描述 $\theta_1, \theta_2, \cdots, \theta_n$ 的认知不确定性,则 p_f 的认知不确定性通过不确定分布 $\Psi(p_f)$ 来描述。

不失一般性地,设 h 对于 $\theta_1, \theta_2, \cdots, \theta_m$ 是单调递增的,对于 $\theta_{m+1}, \theta_{m+2}, \cdots, \theta_n$ 是单调递减的,且 $\theta_1, \theta_2, \cdots, \theta_n$ 分别有逆不确定分布 $\Phi_1^{-1}, \Phi_2^{-1}, \cdots, \Phi_n^{-1}$。那么,$p_f$ 的逆不确定分布可以通过定理 2.8 得到,即

$$\Psi_{p_f}^{-1}(\alpha) = h(\Phi_1^{-1}(\alpha), \cdots, \Phi_m^{-1}(\alpha), \Phi_{m+1}^{-1}(1-\alpha), \cdots, \Phi_n^{-1}(1-\alpha)) \quad (0 \leq \alpha \leq 1) \quad (4.6)$$

基于 p_f 的逆不确定分布,通过逆函数的运算,就能够很容易地得到 $\Psi(p_f)$。

2. p_f 为 Θ 的非单调函数

第二种情况为实际中更为一般的情况,即 p_f 无法写成 Θ 的单调函数或 p_f 与 Θ 的关系无法通过显函数的形式表达出来。在这一情况下,通常很难获得结构失效概率 p_f 精确的不确定分布,因此我们借助不确定仿真的方法,以获取 p_f 不确定分布的上下界。

不确定仿真的方法是朱元国教授 2012 年基于最大不确定性原理提出的[6],这种方法是不确定理论中一种较为合理的认知不确定性传播方法,它不要求作用在不确定变量上的可测函数的单调性。在本小节中,我们将不确定仿真的方法进行扩展,来构造 p_f 不确定分布的上下界。为了使读者更好地理解,首先对不确定仿真中的一些概念进行介绍。

定义 4.3[6] 若一个不确定变量 ξ 是从不确定空间 $(\mathbf{R}, \mathcal{B}, \mathcal{M})$ 到 $\mathbf{R}$ 的映射,且由 $\xi(\gamma) = \gamma$ 来定义,其中 $\mathcal{B}$ 是 $\mathbf{R}$ 上的一个 Borel 代数,则不确定变量 ξ 被称作是常规的。若一个不确定向量 $\boldsymbol{\xi} = (\xi_1, \xi_2, \cdots, \xi_n)$ 中的所有元素都是常规的,那么这个不确定向量 $\boldsymbol{\xi}$ 也是常规的。

定理 4.1[6] 设 $f: \mathbf{R}^n \to \mathbf{R}$ 是一个 Borel 函数,$\boldsymbol{\xi} = (\xi_1, \xi_2, \cdots, \xi_n)$ 是一个常规不确定向量。那么 $f(\xi_1, \xi_2, \cdots, \xi_n)$ 的不确定向量为

$$
\begin{aligned}
\Psi(x) &= \mathcal{M}\{f(\xi_1, \xi_2, \cdots, \xi_n) \leq x\} \\
&= \begin{cases}
\sup\limits_{\Lambda_1 \times \Lambda_2 \times \cdots \times \Lambda_n \subset \Lambda} \min\limits_{1 \leq k < n} \mathcal{M}_k\{\Lambda_k\} & \left(\sup\limits_{\Lambda_1 \times \Lambda_2 \times \cdots \times \Lambda_n \subset \Lambda} \min\limits_{1 \leq k < n} \mathcal{M}_k\{\Lambda_k\} > 0.5\right) \\
1 - \sup\limits_{\Lambda_1 \times \Lambda_2 \times \cdots \times \Lambda_n \subset \Lambda^c} \min\limits_{1 \leq k < n} \mathcal{M}_k\{\Lambda_k\} & \left(\sup\limits_{\Lambda_1 \times \Lambda_2 \times \cdots \times \Lambda_n \subset \Lambda^c} \min\limits_{1 \leq k < n} \mathcal{M}_k\{\Lambda_k\} > 0.5\right) \\
0.5 & \text{其他}
\end{cases}
\end{aligned}
$$

$$(4.7)$$

其中,$\Lambda = f^{-1}(-\infty, x)$,$\{A_i\}$ 表示一个形式为 $(-\infty, a]$、$[b, +\infty)$、$\varnothing$、$\mathbf{R}$ 的区间集合,而每个 $\mathcal{M}_k\{\Lambda_k\}$ 都是通过下式计算的:

$$
\mathcal{M}\{B\} = \begin{cases}
\inf\limits_{B \subset \cup A_i} \sum\limits_{i=1}^{\infty} \mathcal{M}\{A_i\} & \left(\inf\limits_{B \subset \cup A_i} \sum\limits_{i=1}^{\infty} \mathcal{M}\{A_i\} < 0.5\right) \\
1 - \inf\limits_{B^c \subset \cup A_i} \sum\limits_{i=1}^{\infty} \mathcal{M}\{A_i\} & \left(\inf\limits_{B^c \subset \cup A_i} \sum\limits_{i=1}^{\infty} \mathcal{M}\{A_i\} < 0.5\right) \\
0.5 & \text{其他}
\end{cases} \tag{4.8}
$$

式中,$B \in \mathcal{B}$,且 $B \subset \bigcup\limits_{i=1}^{\infty} A_i$。

从定理 4.1 中可以知道,式(4.8)给出了式(4.7)中 $\mathcal{M}_k\{\Lambda_k\}$ 的理论上下限。令 $m = \inf\limits_{B \subset \cup A_i} \sum\limits_{i=1}^{\infty} \mathcal{M}\{A_i\}$,$n = \inf\limits_{B^c \subset \cup A_i} \sum\limits_{i=1}^{\infty} \mathcal{M}\{A_i\}$,则易知 m 和 $1-n$ 之间的任何值都是 $\mathcal{M}\{B\}$ 的合理估计值。因此,可以用 m 和 $1-n$ 分别作为式(4.7)中每个 $\mathcal{M}_k\{\Lambda_k\}$ 的上界或下界,并且给出如下算法计算给定 x 值下的 $\Psi(x)$ 的上下界。

算法 4.1(双层参数不确定分析算法[7]):

步骤 1:置 $m_1(i) = 0$, $m_2(i) = 0$($i = 1, 2, \cdots, n$)。

步骤 2:生成样本 $u_k = (\gamma_k^{(1)}, \gamma_k^{(2)}, \cdots, \gamma_k^{(n)})$ 满足 $0 < \Phi_i(\gamma_k^{(i)}) < 1$($i = 1, 2, \cdots, n$;$k = 1, 2, \cdots, N$)。

步骤 3:从 $k=1$ 到 $k=N$,判断,若 $f(u_k) \leq c$,则置 $m_1(i) = m_1(i) + 1$,$x_{m_1(i)}^{(i)} = \gamma_k^{(i)}$;

否则,置 $m_2(i) = m_2(i) + 1$,$y_{m_2(i)}^{(i)} = \gamma_k^{(i)}$($i = 1, 2, \cdots, n$)。

步骤 4:将 $x_{m_1(i)}^{(i)}$ 和 $y_{m_2(i)}^{(i)}$ 分别从小到大排序。

步骤 5:计算

$$
\begin{aligned}
a^{(i)} = &\Phi(x_{m_1(i)}^{(i)}) \wedge (1 - \Phi(x_1^{(i)})) \wedge (\Phi(x_1^{(i)}) + 1 - \Phi(x_2^{(i)})) \wedge \cdots \wedge (\Phi(x_{m_1(i)-1}^{(i)}) + 1 \\
&- \Phi(x_{m_1(i)}^{(i)}));
\end{aligned}
$$

$$
\begin{aligned}
b^{(i)} = &\Phi(y_{m_1(i)}^{(i)}) \wedge (1 - \Phi(y_1^{(i)})) \wedge (\Phi(y_1^{(i)}) + 1 - \Phi(y_2^{(i)})) \wedge \cdots \wedge (\Phi(y_{m_1(i)-1}^{(i)}) + 1 \\
&- \Phi(y_{m_1(i)}^{(i)}))。
\end{aligned}
$$

步骤 6:置 $L_{1U}^{(i)} = a^{(i)}$,$L_{1L}^{(i)} = 1 - b^{(i)}$,$L_{2U}^{(i)} = b^{(i)}$,$L_{2L}^{(i)} = 1 - a^{(i)}$。

步骤 7:若 $a_U = L_{1U}^{(1)} \wedge L_{1U}^{(2)} \wedge \cdots \wedge L_{1U}^{(n)} > 0.5$,则置 $L_U = a_U$;

若 $b_U = L_{2U}^{(1)} \wedge L_{2U}^{(2)} \wedge \cdots \wedge L_{2U}^{(n)} > 0.5$,则置 $L_U = 1 - b_U$;

否则,置 $L_U = 0.5$;

若 $a_L = L_{1L}^{(1)} \wedge L_{1L}^{(2)} \wedge \cdots \wedge L_{1L}^{(n)} > 0.5$,则置 $L_L = a_L$;

若 $b_{\mathrm{L}} = L_{1\mathrm{U}}^{(1)} \wedge L_{1\mathrm{U}}^{(2)} \wedge \cdots \wedge L_{1\mathrm{U}}^{(n)} > 0.5$，则置 $L_{\mathrm{L}} = 1 - b_{\mathrm{L}}$；

否则，置 $L_{\mathrm{L}} = 0.5$。

利用这个算法，我们便可以得到 p_f 的不确定分布的上下界 $[\Psi_{\mathrm{L}}(p_f), \Psi_{\mathrm{U}}(p_f)]$。

4.2.2　案例研究

考虑文献[8]中的一个结构可靠性问题。设某一结构的极限状态方程为

$$g(x_1, x_2) = x_1^4 + 2x_2^4 - 20$$

式中：x_1 和 x_2 是该结构的某个尺寸或材料参数。

由于 $g(x_1, x_2) < 0$ 时，结构会发生失效，因此可以直接将该极限状态方程作为性能裕量模型。在该模型中，x_1 和 x_2 均为随机变量，且服从分布参数分别为 (μ_1, σ_1) 和 (μ_2, σ_2) 的正态分布。假设参数 μ_1 和 μ_2 由于受到认知不确定性的影响，无法准确评估，而 σ_1 与 σ_2 的值是确切知道的。基于专家经验，用一个线性不确定分布来描述 μ_1，而用一个正态不确定分布来描述 μ_2，如表 4.2 所列。线性不确定分布和正态不确定分布的形式可见式(2.1)和式(2.3)。于是，p_f 的不确定分布便可以通过算法 4.1 得到，如图 4.2 所示。图 4.2 中，实线和虚线分别描述了 p_f 不确定分布的上下界。这两条曲线的意义有两点：一是对该结构的失效概率 p_f 某一取值的信度是一个区间；二是给定一个信度值，我们能够得到 p_f 的取值范围，例如我们有 90% 的信度认为结构失效概率落在区间[0.001689, 0.003548]中。

表 4.2　输入参数的双层不确定性表征

参　　数	第一层参数不确定性	第二层参数不确定性
x_1	$N(\mu_1, 5)$	$\mu_1 \sim \mathcal{L}(9, 11)$
x_2	$N(\mu_2, 5)$	$\mu_2 \sim \mathcal{N}(10, 0.3)$

为了说明对于失效概率的平均信度，还可以通过 p_f 不确定分布的上下界计算平均信度失效概率 $\bar{p}_f$，如下式所示：

$$\bar{p}_f = \int_0^\infty \left[1 - \frac{\Psi_L(p_f) + \Psi_U(p_f)}{2} \right] \mathrm{d}p_f \tag{4.9}$$

式中：$\Psi_L(p_f)$ 和 $\Psi_U(p_f)$ 分别是 p_f 不确定分布的上下界。

在本例中，可以计算得到平均信度失效概率为 0.001980。这表示可以相信该结构的平均失效概率为 0.001980。

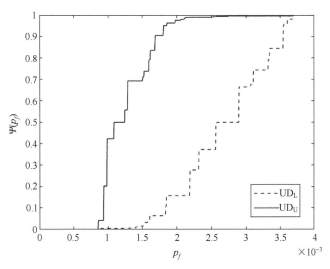

图 4.2　考虑双层参数不确定性的结构失效概率分布
（UD_L：不确定分布下限；UD_U：不确定分布上限）

4.3　考虑参数和模型不确定性的单元确信可靠性建模与分析

4.3.1　建模与分析方法

这一节将同时考虑性能裕量的参数不确定性和模型不确定性，对确信可靠性进行建模与分析。在经典的基于模型的确信可靠性分析方法中，通常认为所建立的性能裕量模型是完全准确的，并且只考虑参数的不确定性问题。然而在实际情况下，由于存在认知不确定性的影响，性能裕量模型并不可能完全准确。因此，本节将同时考虑单元性能裕量模型的参数不确定性和模型不确定性，给出相应的确信可靠性模型。

本方法基于两点基本假设：

（1）单元的性能裕量模型为 $g_m(\boldsymbol{x})$；

（2）单元的性能裕量模型受到随机不确定性和认知不确定性两个因素影响，其中随机不确定性体现在性能裕量模型参数 $\boldsymbol{x}$ 的分散性上，认知不确定性体现在性能裕量模型的准确性上。

为了更好地说明和描述本方法，首先给出设计裕量、随机不确定性因子（Aleatory Uncertainty Factor，AUF）和认知不确定性因子（Epistemic Uncertainty Factor，EUF）的定义。

定义 4.4(设计裕量[9])　设产品或系统的性能裕量可以通过公式(4.1)进

83

行计算,那么定义设计裕量 m_d 为

$$m_d = g_m(\boldsymbol{x}_N) \tag{4.10}$$

式中: $\boldsymbol{x}_N$ 为输入参数的名义值或标称值。

定义 4.5(随机不确定性因子, AUF[9]) 设 R_P 是在性能裕量模型基础上通过公式(4.3)计算得到的可靠度。那么定义随机不确定性因子(AUF) σ_m 为

$$\sigma_m = \frac{m_d}{Z_{R_P}} \tag{4.11}$$

式中: Z_{R_P} 表示标准概率正态分布的累积分布逆函数在 R_P 处的取值,即 $Z_{R_P} = \varPhi_N^{-1}(R_P)$, $\varPhi_N^{-1}(\cdot)$ 为标准概率正态分布累积分布函数的逆函数。

令等价性能裕量 m_E 为

$$m_E = m_d + \epsilon_m \tag{4.12}$$

式中: $\epsilon_m \sim N(0, \sigma_m^2)$,容易得到 $m_E \sim N(m_d, \sigma_m^2)$,且有 $R_P = \Pr\{m_E > 0\}$,如图 4.3 (a)所示。因此,概率可靠度能够通过 m_d 和 σ_m 计算得到,其中

- m_d 描述了当所有输入变量取其标称值时产品的固有可靠性水平。从图形上看,它描述了等价性能裕量分布的中心到失效区域边界的距离,如图 4.3(a)所示。

- σ_m 描述了产品与产品之间随机变化的分散性特征,例如制造过程的公差、材料特性的变化等。通常,这些随机因素可以通过公差设计、环境应力筛选、随机过程控制等工程活动进行控制[10]。

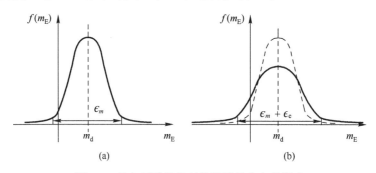

图 4.3 认知不确定性对性能裕量分布的影响

(a) 仅考虑随机不确定性时的性能裕量分布;(b) 考虑认知不确定性时的性能裕量分布。

为了考虑认知不确定性对模型的影响,在式(4.12)所示的等价性能裕量基础上加入一个调整因子,来描述认知不确定性作用下性能裕量模型的偏差,即

$$m_E = m_d + \epsilon_m + \epsilon_e \tag{4.13}$$

式中: ϵ_e 为调整因子,且 $\epsilon_e \sim N(0, \sigma_e^2)$。为此,可以定义认知不确定性因子如下。

定义 4.6(认知不确定性因子, EUF) 设 ϵ_e 是为表征认知不确定性大小的

等价性能裕量调整因子,且 $\epsilon_e \sim N(0,\sigma_e^2)$。那么定义调整因子的标准差 σ_e 为认知不确定性因子。

根据认知不确定性因子的定义,公式(4.13)的物理意义可以通过图 4.3(b)来解释,即认知不确定性增加了性能裕量分布的分散程度。增加的分散程度的大小决定于对产品故障过程及规律的认知程度,也就是说,对产品故障的认知越充分,认知不确定性因子的值越小。根据以上叙述,本书以定理的形式给出本方法中的确信可靠度公式。

定理 4.2　设某单元的设计裕量为 m_d,随机不确定性因子为 σ_m,认知不确定性因子为 σ_e,则该单元的确信可靠度为

$$R_{\mathrm{B}}^{(\mathrm{P})} = \varPhi_{\mathrm{N}}\left(\frac{m_{\mathrm{d}}}{\sqrt{\sigma_m^2+\sigma_e^2}}\right) \tag{4.14}$$

其中,$\varPhi_{\mathrm{N}}(\cdot)$ 为标准概率正态分布的累积分布函数。

证明:设单元的等价性能裕量可以用式(4.13)来表示,那么单元确信可靠度为

$$R_{\mathrm{B}}^{(\mathrm{P})} = \Pr\{m_{\mathrm{E}}>0\} = \Pr\{m_{\mathrm{d}}+\epsilon_m+\epsilon_e>0\}$$

因为 $\epsilon_m \sim N(0,\sigma_m^2)$,$\epsilon_e \sim N(0,\sigma_e^2)$,则上式可以写为

$$R_{\mathrm{B}}^{(\mathrm{P})} = 1-\Pr\{m_{\mathrm{d}}+\epsilon_m+\epsilon_e \leqslant 0\}$$

$$= 1-\varPhi_{\mathrm{N}}\left(\frac{0-m_{\mathrm{d}}}{\sqrt{\sigma_m^2+\sigma_e^2}}\right)$$

$$= \varPhi_{\mathrm{N}}\left(\frac{m_{\mathrm{d}}}{\sqrt{\sigma_m^2+\sigma_e^2}}\right)$$

定理得证。

需要指出的是,公式(4.14)所示的确信可靠度计算方法得到的是一个概率,这个公式是确信可靠度内涵中情况 3.1 的一种特殊情况,即式(3.3)退化为概率测度下的结果,因此用 $R_{\mathrm{B}}^{(\mathrm{P})}$ 来表示。本节给出的建模分析方法是一种综合了设计裕量、随机不确定性以及认知不确定性三方面信息的方法。由于考虑了认知不确定性的影响,因此其物理意义可以解释为:基于已有的信息,对"产品是可靠的"这一命题的信任程度。用这个公式给出的确信可靠度指标除了具有第 3 章确信可靠度的一般性质外,还具有一些非常重要的性质。

性质 4.1　确信可靠度 $R_{\mathrm{B}}^{(\mathrm{P})}$ 是设计裕量 m_{d} 的增函数。

更具体地讲,可以将确信可靠度随设计裕量的变化分为三段。当 $m_{\mathrm{d}}>0$ 时,$R_{\mathrm{B}}^{(\mathrm{P})}>0.5$,这表示产品的初始设计是可靠的,对产品正常的信任程度大于对故障的信任程度;当 $m_{\mathrm{d}}=0$ 时,$R_{\mathrm{B}}^{(\mathrm{P})}=0.5$,这表示产品处于正常与故障的临界状态,受到的不确定性影响最大;当 $m_{\mathrm{d}}<0$ 时,$R_{\mathrm{B}}^{(\mathrm{P})}<0.5$,这表示产品初始设计就是

不可靠的,我们更相信产品处于故障状态。

性质 4.2 当 $\sigma_m \to 0$ 且 $\sigma_e \to 0$ 时,若 $m_d > 0$,$R_B^{(P)} \to 1$;若 $m_d < 0$,$R_B^{(P)} \to 0$。当 $\sigma_m \to \infty$ 或 $\sigma_e \to \infty$ 时,$R_B^{(P)} \to 0.5$。

这一性质的物理含义很容易解释。首先,当 AUF 和 EUF 都趋近于 0 时,表示系统几乎不受不确定性的影响,确信可靠度完全由设计裕量决定。若初始设计是可靠的,那么系统就是可靠的;若初始设计不可靠,那么系统就是不可靠的。其次,若 AUF 和 EUF 其中一个趋近于无穷,表示不确定性的影响是最大的,确信可靠度也展现出不确定性最大的情况,即取 0.5。

性质 4.3 若 $m_d \geq 0$,$\sigma_e > 0$,则 $R_B^{(P)} \leq R_P$。当 $\sigma_e \to 0$ 时,$R_B^{(P)} \to R_P$。

这一性质表示,由于考虑了认知不确定性的影响,相对于经典的概率可靠度,确信可靠度倾向于给出一个更保守的可靠性度量。当我们对于系统的认知相当完备时,确信可靠度便趋近于经典概率可靠度。

根据以上确信可靠度的定义可以知道,确信可靠度综合了设计裕量、随机不确定性以及认知不确定性三方面的影响。因此,在计算单元确信可靠性指标时,需要首先对这三方面的影响进行量化,即分别确定 m_d、σ_m 和 σ_e 三个参数的取值。在此基础上,确信可靠度可以通过式(4.14)计算得到。基于性能裕量的单元确信可靠性分析流程如图 4.4 所示。

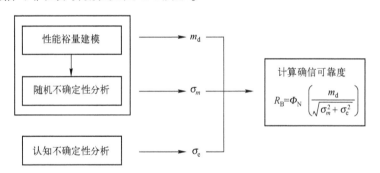

图 4.4 基于性能裕量的单元确信可靠性分析基本流程

分析过程主要包括四步:

1. 性能裕量建模

第一步是要建立一个性能裕量的模型来对性能裕量进行预测。在 4.1.3 节中,我们介绍了基于模型的可靠性分析流程,这里的性能裕量建模就包含了其中的第一到第三步,即确定性能参数、明确故障判据及构建裕量模型。

2. 随机不确定性分析

第二步通过对随机不确定性的分析,计算 m_d 和 σ_m。设计裕量 m_d 的值有两种计算方法,一是可以通过式(4.10)来计算,即将所有输入参数的标称值代入性能裕量模型中计算得到;二是利用蒙特卡罗仿真的方法得到性能裕量的概率分布,将性能裕量的均值作为 m_d 的取值。根据随机不确定性因子的定义,为了计算 σ_m 的值,需要先计算 R_P。首先,确定模型输入参数 x 所服从的概率分布,从而对参数所受到的随机不确定性影响进行量化。在此基础上,利用基于概率论的不确定性传播法则,计算随机不确定性作用下性能裕量的分布。在这个过程中,通常利用蒙特卡罗仿真方法[10]或结构可靠性方法[11](如 FORM 方法)实现 R_P 的计算。最后,σ_m 便可以由式(4.11)计算得到。

3. 认知不确定性分析

第三步是进行认知不确定性分析,以确定认知不确定性因子 σ_e 的取值。在工程实际中,认知不确定性与可靠性工程活动的有效性有关。可靠性工程活动开展得越有效,则积累的知识就越充分,了解的信息就越多,认知不确定性就越小。我们将在 4.3.2 节对 EUF 的评估方法进行详细介绍。

4. 计算确信可靠度

最后一步,计算确信可靠度。通过以上步骤,可以确定 m_d、σ_m 和 σ_e 三个参数的取值。在此基础上,便可以利用式(4.14)计算确信可靠度。

4.3.2　认知不确定性因子的评估方法

本节介绍基于技术成熟度的认知不确定性因子量化方法。技术成熟度等级(Technology Readiness Level, TRL)是由美国国家航空航天局 (National Aeronautics and Space Administration, NASA) 提出的一种用于评价新技术成熟程度的测度[12]。经过多年的发展,技术成熟度等级广泛地被各个工业部门和政府部门采用,例如美国能源部[13]、美国政府问责办公室[14]、世界标准化组织[15]。这些组织利用技术成熟度等级在能源[16]、航空工业[17]等各个领域进行风险控制和管理决策。

通常来讲,技术成熟度等级系统描述了典型的产品研制和生产过程,描述了技术从基本概念发展到系统成功实践的全部发展过程,同时反映着人们对相关技术的认知从无开始逐渐完善的过程。这里以现行的 GJB 7688《装备技术成熟度等级划分及定义》[18]为例,说明技术成熟度等级与技术发展过程和人们的认知过程。TRL 1 是技术成熟度的最低等级。在这个技术成熟度等级上,提出基本科学原理并正式报告。TRL 2 在 TRL 1 的基础上进一步提出概念和应用设想。在 TRL 3,完成概念和应用设想的可行性验证。在 TRL 4,以原理样品或部件为载体完成实验室环境验证。在 TRL 5,以模型样品或部件为载体完成相关环境验证。在 TRL 6,以系统或分系统原型为载体完成相关环境验证。在 TRL 7,以系统原型为载体完成典型使用环境验证。在 TRL 8,以实际系统为载体完成使用环境验证。在 TRL 9 时,要求所设计、制造的系统可以成功地完成既定的任务。从 TRL 1 到 TRL 9,技术完成了从概念到实践的全部过程,而伴随这个过程的,还有科研人员的知识从有限到丰富。因此,技术成熟度的等级很好地刻画了科研人员的认知不确定水平。因此,本书基于技术成熟度体系进行认知不确定性因子的量化。

4.3.2.1　技术成熟度量化框架

现有的技术成熟度体系虽然具体内容各有不同,但总体来说都包括了技术成熟度等级的定义及划分和技术成熟度等级判定条件。虽然技术成熟度体系本身就包含了量化的概念,即技术成熟度等级,但是这种量化方法却不适合用来评价认知不确定性因子。这是由于这种量化方式忽略了技术成熟度等级判定条件的作用。因此,需要在现有技术成熟度体系的基础上,重新建立技术成熟度体系量化框架,更详细地量化技术成熟度体系所包含的信息,从而为认知不确定性因子的量化奠定基础。技术成熟度体系量化框架如图 4.5 所示。

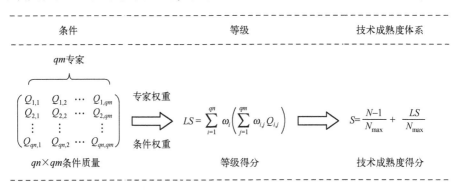

图 4.5　技术成熟度体系量化框架

定义 4.7(条件质量,Quality of Condition)

条件质量表示某一技术成熟度等级条件的完成程度。记作 $Q,Q \in (0,1]$。

一般认为,条件完成的情况越好,条件质量越高。当 Q 趋近于 0 时,认为该等级条件刚刚完成;当 Q 趋近于 1 时,认为该等级条件完成得非常好。

定义 4.8(等级得分,Level Score)

等级得分表示某一技术在某一技术成熟度等级下的表现。记作 LS。

$$LS = \sum_{i=1}^{qn} \omega_i \left(\sum_{j=1}^{qm} \omega_{i,j} Q_{i,j} \right) \tag{4.15}$$

式中:$Q_{i,j}$ 表示第 j 位专家对第 i 项条件评价的条件质量;$\omega_{i,j}$ 表示专家权重,$\sum_{j=1}^{qm} \omega_{i,j} = 1(j = 1,2,\cdots,qm)$;$\omega_i$ 表示条件权重,$\sum_{i=1}^{qn} \omega_i = 1(i = 1,2,\cdots,qn)$。

定义 4.9(技术成熟度得分,Technology Readiness Score,TRS)

技术成熟度得分表征的是在技术发展周期内,某一技术的成熟程度,记作 S。

假设某一技术成熟度体系共包括了 N_{max} 级技术成熟度等级。某一技术当前的技术成熟度等级为 $N,N \in \{1,2,\cdots,N_{max}\}$,其等级得分为 LS。那么其技术成熟度得分为

$$S = \frac{N-1}{N_{max}} + \frac{LS}{N_{max}} \tag{4.16}$$

从技术成熟度体系量化框架中,可以看到不同的专家权重和条件权重量化方法会对技术成熟度得分产生影响。在本书中,提出了基于距离的专家权重确定方法和基于贡献的条件权重确定方法。

1. 基于距离的专家权重确定方法

假设有 qm 位专家参与技术成熟度等级条件质量的评价工作,那么对于第 i 个条件有 qm 个打分结果,即 $Q_{i,1},Q_{i,2},\cdots,Q_{i,qm}$。

将第 i 个条件的平均条件质量记作 $\overline{Q}_i$,则

$$\overline{Q}_i = \frac{1}{qm} \sum_{j=1}^{qm} Q_{i,j} \tag{4.17}$$

条件距离 $d_{i,j}$ 表示条件质量到平均条件质量的绝对距离,其计算公式为

$$d_{i,j} = | Q_{i,j} - \overline{Q}_{i,j} | \tag{4.18}$$

那么,可以得到基于距离的专家权重计算公式为

$$\omega_{i,j} = \frac{qm^{-d_{i,j}}}{\sum\limits_{j=1}^{qm} qm^{-d_{i,j}}} \tag{4.19}$$

其基本思想是,距离平均条件质量越近,专家意见越重要,相应的专家权重越高。

2. 基于贡献的条件权重确定方法

第 i 个条件的条件质量记作 Q_i:

$$Q_i = \sum_{j=1}^{qm} \omega_{i,j} Q_{i,j} \tag{4.20}$$

其基本思想:条件质量得分越高,对认知不确定性的减少,其贡献就越大。因此,可以得到条件权重为

$$\omega_i = \frac{e^{Q_i}}{\sum\limits_{i=1}^{qn} e^{Q_i}} \tag{4.21}$$

4.3.2.2 认知不确定性量化模型——鳞模型

在两条准则和三条基本假设的基础上,通过鳞模型实现从技术成熟度体系

到认知不确定性因子的量化。

1. 两条准则

(1) 认知不确定性因子随着技术成熟度等级的提高而降低。

(2) 在同一技术成熟度等级时,认知不确定性因子随着 TRS 的增高而降低,并且其降低速度也随着 TRS 的增高而降低。

2. 三条假设

(1) 对于特定等级 N,80% 的认知不确定性是由 20% 的工作减少的。

(2) 当 TRS 等于 0 时,认知不确定性因子的值为 1。

(3) 当 TRS 等于 1 时,认知不确定性因子的值为 0。

3. 鳞模型

假设某一技术位于技术成熟度等级 N,其技术成熟度得分为 S,那么对应的认知不确定性因子为

$$\sigma_e = 1 - \frac{N-1}{N_{max}} + \frac{(N - N_{max} \cdot S)^7}{N_{max}} \tag{4.22}$$

这里,以 9 级的技术成熟度体系为例,画出鳞模型的图像如图 4.6 所示。因图像是由一条条曲线构成,像鱼鳞一样,因此取名鳞模型。

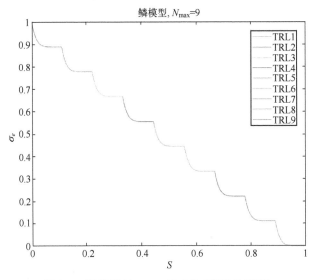

图 4.6　鳞模型(Squama Model)(彩图见插图)

4.3.3　案例研究

四余度伺服系统主要由三部分组成,即主控单元、驱动单元和传感器单元。四余度伺服系统原理图如图 4.7 所示。因为四余度伺服系统的四个通道组成完全相同,这里以一个通道为例说明单元的确信可靠性评价过程。

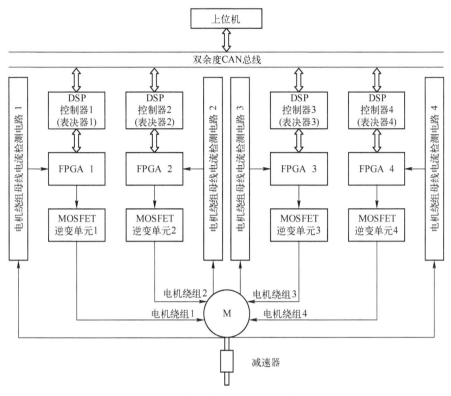

图 4.7　四余度伺服驱动系统结构框图

单通道的性能参数为电机转速 n。其性能方程为

$$n = \frac{U}{k_e} - \frac{R_\Omega T_e}{k_e k_r} \tag{4.23}$$

式中：U 表示电机电压；R_Ω 表示电机电阻；T_e 表示扭矩；k_e 表示电学常数；k_r 表示扭矩常数。

参数的取值或者分布如表 4.3 所列。

表 4.3　参数的取值或者分布

参 数 名 称	取值或者分布
U/V	N(28.5,0.00361)
$R_\Omega/\text{m}\Omega$	N(0.022,0.0000352)
$T_e/(\text{N} \cdot \text{m})$	4
$k_e/(\text{V} \cdot \text{r/min})$	0.0114
$k_r/(\text{N} \cdot \text{m/A})$	0.114
$n/(\text{r/min})$	$n_{\text{nominal}}=2500, n_{\text{L,th}}=2495, n_{\text{U,th}}=2505$

91

由此可以得到设计裕量为

$$m_\mathrm{d} = g_m(n_\mathrm{nominal}) = 5 \qquad (4.24)$$

通过 100,000 次蒙特卡罗抽样得到随机不确定性因子 $\sigma_m = 1.78$。

现阶段该技术位于技术成熟度等级 6 级,根据 GJB 7688[18],其相应的等级条件如表 4.4 所列。

邀请五位专家对技术程度等级条件进行评价,其得分情况如表 4.5 所列。相应地,专家权重和条件权重如表 4.6 所列。经过计算可以得到等级得分为 0.80,技术成熟度得分为 0.6444,认知不确定性因子为 0.4444。

单元的确信可靠度为

$$R = \Phi_\mathrm{N}\left(\frac{m_\mathrm{d}}{\sqrt{\sigma_m^2 + \sigma_\mathrm{e}^2}}\right) = \Phi_\mathrm{N}\left(\frac{5}{\sqrt{1.78^2 + 0.444^2}}\right) = 0.9968 \qquad (4.25)$$

表 4.4　GJB 7688《装备技术成熟度等级划分及定义》6 级等级条件

序　号	内　容
1	了解预期系统的最终使用环境
2	利用建模仿真模拟了预期系统在使用环境中的性能
3	完成了验收试验
4	在外场对系统原型进行了试验
5	系统原型的集成程度接近预定使用的系统,在外形、配合、功能方面基本一致
6	全面演示了技术的工程可行性
7	说明了试验环境与使用环境的差异,在外形、配合和功能方面基本一致
8	接近完成全部设计草图
9	编制了技术研究报告终稿
10	提出了专利申请
11	确定了质量和可靠性等级
12	启动了可靠性、维修性和保障性真实数据的收集
13	确定了制造工艺和工艺设备所需投资
14	基本确定了关键生产工艺规范
15	完成了生产的演示实验
16	提出了定费用设计的目标
17	编制了系统工程管理正式计划
18	确定了装备研制项目里的里程碑
19	在价值分析中包括了具体应用内容
20	具有正式的需求文件

表 4.5　条件质量得分表

序　号	专家 1	专家 2	专家 3	专家 4	专家 5
1	0.6	0.6	0.9	0.5	0.4
2	0.8	0.5	0.7	0.8	0.6
3	0.2	0.6	0.5	0.5	0.8
4	0.4	0.6	0.4	0.3	0.8
5	0.7	0.4	0.8	0.6	0.6
6	0.7	0.3	0.9	0.9	0.8
7	0.2	0.6	0.5	0.8	0.1
8	0.2	0.6	0.8	0.7	0.6
9	0.9	0.8	0.7	0.5	0.9
10	0.3	0.8	0.4	0.3	0.2
11	0.5	0.9	0.4	0.8	0.1
12	0.5	0.5	0.3	0.4	0.2
13	0.4	0.7	0.8	0.4	0.9
14	0.4	0.3	0.1	0.5	0.3
15	0.6	0.2	0.8	0.8	0.6
16	0.9	0.7	0.9	0.5	0.7
17	0.6	0.7	0.6	0.8	0.8
18	0.3	0.9	0.5	0.6	0.6
19	0.7	0.9	0.1	0.8	0.5
20	0.5	0.3	0.5	0.5	0.6

表 4.6　专家权重和条件权重表

$j=$	1	2	3	4	5				
$w_{1,j}$	0.24	0.24	0.15	0.2	0.17	Q_1	0.76	w_1	0.04
$w_{2,j}$	0.19	0.18	0.23	0.19	0.21	Q_2	0.81	w_2	0.05
$w_{3,j}$	0.15	0.22	0.24	0.24	0.16	Q_3	0.86	w_3	0.06
$w_{4,j}$	0.22	0.22	0.22	0.19	0.16	Q_4	0.79	w_4	0.05
$w_{5,j}$	0.21	0.16	0.18	0.23	0.23	Q_5	0.80	w_5	0.05
$w_{6,j}$	0.25	0.13	0.19	0.19	0.23	Q_6	0.74	w_6	0.04
$w_{7,j}$	0.19	0.22	0.26	0.16	0.17	Q_7	0.81	w_7	0.05
$w_{8,j}$	0.14	0.24	0.18	0.21	0.24	Q_8	0.87	w_8	0.06

（续）

$j=$	1	2	3	4	5				
$w_{9,j}$	0.19	0.23	0.22	0.16	0.19	Q_9	0.80	w_9	0.05
$w_{10,j}$	0.22	0.13	0.25	0.22	0.18	Q_{10}	0.78	w_{10}	0.05
$w_{11,j}$	0.27	0.16	0.23	0.19	0.14	Q_{11}	0.72	w_{11}	0.04
$w_{12,j}$	0.19	0.19	0.21	0.23	0.18	Q_{12}	0.81	w_{12}	0.05
$w_{13,j}$	0.18	0.25	0.21	0.18	0.18	Q_{13}	0.82	w_{13}	0.06
$w_{14,j}$	0.21	0.23	0.16	0.18	0.23	Q_{14}	0.80	w_{14}	0.05
$w_{15,j}$	0.25	0.13	0.18	0.18	0.25	Q_{15}	0.74	w_{15}	0.04
$w_{16,j}$	0.19	0.23	0.19	0.17	0.23	Q_{16}	0.82	w_{16}	0.06
$w_{17,j}$	0.19	0.23	0.19	0.19	0.19	Q_{17}	0.80	w_{17}	0.05
$w_{18,j}$	0.16	0.15	0.22	0.24	0.24	Q_{18}	0.85	w_{18}	0.06
$w_{19,j}$	0.24	0.18	0.13	0.21	0.24	Q_{19}	0.76	w_{19}	0.04
$w_{20,j}$	0.22	0.17	0.22	0.22	0.18	Q_{20}	0.79	w_{20}	0.05

参考文献

[1] 曾志国. 确信可靠性度量与分析方法[D]. 北京:北京航空航天大学,2015.

[2] ZENG Z G,CHEN Y X,KANG R. A physics-of-failure-based approach for failure behavior modeling:With a focus on failure collaborations[C]. European Safety and Reliability Conference. 2014.

[3] ZENG Z G,CHEN Y X,ZIO E,et al. A compositional method to model dependent failure behavior based on PoF models[J]. Chinese Journal of Aeronautics,2017,30(5):1729-1739.

[4] ZENG Z G,CHEN Y X,KANG R. Failure Behavior Modeling:Towards a Better Characterization of Product Failures[C]//IEEE Conference on Prognostics and System Health Management. IEEE,2013:571-576.

[5] ZENG Z G,CHEN Y X,KANG R. The Effects of Material Degradation on Sealing Performances of O-Rings[J]. Applied Mechanics&Materials,2013,328:1004-1008.

[6] ZHU Y G. Functions of Uncertain Variables and Uncertain Programming[J]. Journal of Uncertain Systems,2012, 6(4):278-288.

[7] ZHANG Q Y,KANG R,WEN M L. A new method of level-2 uncertainty analysis in risk assessment based on uncertainty theory[J]. Soft Computing,2018,22(17):5867-5877.

[8] SEUNGKYUM C,ROBERT A C,RAMANA G. Reliability-based Structural Design[M]. London:Springer,2007.

[9] ZENG Z G,KANG R,WEN M L,et al. A Model-Based Reliability Metric Considering Alea-

tory and Epistemic Uncertainty[J]. IEEE Access,2017,5(99):15505-15515.

[10]　ZIO E. The Monte Carlo Simulation Method for System Reliability and Risk Analysis[M].
London:Springer, 2013.

[11]　A COLLINS J,R BUSBY H,H STAAB G. Mechanical Design of Machine Elements and Ma-
chines[M]. New York:John Wiley&Sons,2003:232-237.

[12]　MANKINS J C. Technology readiness assessments: A retrospective[J]. Acta Astronautica,
2009,65(9):1216-1223.

[13]　U. S. Department of Energy. Technology readiness assessment guide: DOE G 413. 3-4A[S].
Washington D. C. : Department of Energy, 2011.

[14]　ISO. Space systems – Definition of the Technology Readiness Levels (TRLs) and their
criteria of assessment:ISO 16290[S]. Switzerland:ISO,2013.

[15]　U. S. Government Accountability Office. Technology readiness assessment guide, best prac-
tices for evaluating the readiness of technology for use in acquisition programs and project:
GAO-16-410G[S]. Washington D. C. : Government Accountability Office, 2016.

[16]　KHAN R S R,LAGANA M C,OGAJI S O T,et al. Risk Analysis of Gas Turbines for
Natural Gas Liquefaction[C]//ASME Turbo Expo:Power for Land,Sea,&Air. 2011.

[17]　NAKAMURA H,KAJIKAWA Y,SUZUKI S. Multi-level perspectives with technology readi-
ness measures for aviation innovation[J]. Sustainability Science,2013,8(1):87-101.

[18]　中国人民解放军总装备部. 装备技术成熟度等级划分及定义:GJB 7688-2012[S].
北京:中国人民解放军总装备部,2012:7.

第5章

系统确信可靠性建模与分析

本章主要讨论系统层次的确信可靠性建模与分析问题。系统确信可靠性建模与分析是指,根据系统的结构、功能原理或故障传递关系,建立合理的可靠性模型,并由系统组成单元的确信可靠性指标分析计算系统确信可靠性指标的过程。本章主要介绍两类系统确信可靠性建模与分析的方法:第一,基于可靠性框图模型,分别介绍不确定系统和不确定随机系统的确信可靠性分析问题;第二,基于故障树模型,介绍如何通过单元的确信可靠性指标获取系统的确信可靠性指标。

5.1 基于可靠性框图模型的系统确信可靠性建模与分析

5.1.1 可靠性框图模型与结构函数

可靠性框图是最常用的一种系统可靠性模型,通常用以描述零部件故障导致系统故障的逻辑关系。一个典型的可靠性框图模型如图 5.1 所示。在图 5.1 中,方框表示部件,如果端点 a、b 之间是连通的,则表示该系统工作正常,没有发生故障。

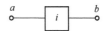

图 5.1　可靠性框图模型示意

可靠性框图模型通常由三种基本框图模型组合构成。这三种基本框图模型是:串联系统、并联系统与 n 中取 k 系统。串联系统是指当且仅当一个系统中的 n 个单元全部都正常工作,系统才能正常工作的系统。图 5.2 展示了串联系统的可靠性框图。对于这个系统,若要正常运行,必须存在从结点(a)到结点(b)的正常工作路径;在图 5.2 中,所有 n 个单元必须同时正常工作。

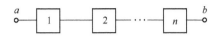

图 5.2　串联系统的可靠性框图

　　并联系统是指一个系统的 n 个单元中至少有一个单元正常工作时,系统即可正常工作的系统。图 5.3 显示了一个并联系统的可靠性框图。对于这个系统,若要正常运行,必须在结点 (a) 到结点 (b) 之间存在至少一条正常工作的路径:在图 5.3 中,n 个单元中至少要有一个正常工作。

　　串联系统和并联系统都可以视为 n 中取 k 系统的特例。如果一个由 n 个部件组成的系统,当且仅当其中至少 k 个部件正常工作时,系统才正常工作,这样的系统即为 n 中取 k 系统。当 $k=1$ 时,即为并联系统;当 $k=n$ 时,即为串联系统。图 5.4 中给出了一个一般的 n 中取 k 系统的可靠性框图,其中,$k=2$,$n=4$。

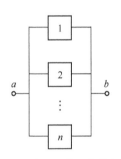

图 5.3　并联系统可靠性框图　　　　图 5.4　n 中取 k 系统可靠性框图

　　基于可靠性框图的系统确信可靠性分析通常是针对单调关联系统展开的,因此本节也简要介绍单调关联系统的概念。单调关联系统来源于对实际工程中一大类系统的抽象。在实际工程中,许多系统都具有以下四条共同性质[1]:

　　(1) 系统与组成系统的单元只具有正常与故障两种状态;

　　(2) 系统的状态由组成其的单元状态与系统结构完全确定;

　　(3) 某一单元的故障不会导致系统由故障状态转变为正常状态;

　　(4) 不存在与系统可靠性无关的部件。

　　具备这四条性质的系统就是一个单调关联系统[1]。更加正式的,对于一个由 n 个单元组成的系统,用布尔变量 $\xi_i(i=1,2,\cdots,n)$ 表示组成单元的状态。且规定当 $\xi_i=1$ 时,单元正常工作;当 $\xi_i=0$ 时,单元发生故障。用布尔变量 ξ 表示系统的状态,且规定当 $\xi=1$ 时,系统正常工作;当 $\xi=0$ 时,系统发生故障。根据性质(2),ξ 可以表示成 $\xi_i(i=1,2,\cdots,n)$ 的函数,如式(5.1)所示。这样的函数 $\phi(\cdot)$ 被称为结构函数。其中,$\boldsymbol{\xi}=[\xi_1,\xi_2,\cdots,\xi_n]^{\mathrm{T}}$ 表示所有单元状态变量构成的向量。因此，$\phi(\cdot)$是$\{0,1\}^n \to \{0,1\}$的一个函数。

$$\xi = \phi(\boldsymbol{\xi}) = \phi(\xi_1, \xi_2, \cdots, \xi_n) \tag{5.1}$$

如果一个系统满足性质(3)，则称这个系统是单调系统。从结构函数的角度，这一性质可以表示为[1]：设某系统具有结构函数$\phi(\cdot)$，若对任意$\boldsymbol{\xi}_x \leqslant \boldsymbol{\xi}_y$，均有$\phi(\boldsymbol{\xi}_x) \leqslant \phi(\boldsymbol{\xi}_y)$，则称该系统是单调系统，相应的结构函数$\phi(\cdot)$是单调结构函数。其中，$\boldsymbol{\xi}_x \leqslant \boldsymbol{\xi}_y$表示对所有$i=1,2,\cdots,n$，均有$\xi_{x,i} \leqslant \xi_{y,i}$。

性质(4)又被称作系统的关联性。从结构函数的角度，这一性质可以表示为：设某系统具有结构函数$\phi(\cdot)$，若对任意$i=1,2,\cdots,n$，均存在$\boldsymbol{\xi}$，使得$\phi(0_i, \boldsymbol{\xi}) = 0$，$\phi(1_i, \boldsymbol{\xi}) = 1$成立，则称单元$i$与系统是关联的。其中，$(x_i, \boldsymbol{\xi}) = (\xi_1, \cdots, \xi_{i-1}, x, \xi_{i+1}, \cdots, \xi_n)$，$x_i = 0$或1表示在单元状态变量向量$\boldsymbol{\xi}$中，第$i$个分量的取值为$x_i$。

由此，可以给出单调关联系统的正式定义[1]：如果系统具有单调结构函数$\phi(\cdot)$，且系统的每一个组成单元均与系统关联，则称该系统为一个单调关联系统。常见的单调关联系统包括：串联系统、并联系统、n中取k系统等。

5.1.2 不确定系统的可靠性分析方法

在实际的工程系统中，通常包含两类不同的单元。一些单元会很大程度上受到认知不确定性的影响，他们的确信可靠度是基于不确定理论刻画的，表示信度；而另外一些单元主要受到随机不确定性的影响，而他们的确信可靠度是基于概率论刻画的，表示频率。在本书中，称这种系统为不确定随机系统，其中主要受认知不确定性影响的单元称作不确定单元，主要受随机不确定性影响的单元称作随机单元。不确定系统是不确定随机系统的一种特殊情况，它指的是只含有不确定单元的系统。为了更好地介绍不确定随机系统的确信可靠性分析方法，本书在这一小节首先介绍不确定系统的可靠性分析方法。

对于不确定系统，其确信可靠性就是定义3.1的一类退化情况，即状态变量主要受到认知不确定性的影响，因此需要在不确定理论下研究不确定系统的可靠性分析方法。为了更为简单明了，在这一节中，不考虑时间的影响，并假设系统是二态的单调关联系统，只存在正常和故障两种状态，分别用状态变量$\xi = 1$和$\xi = 0$来表示。需要指出的是，$\xi = 1$和$\xi = 0$是对状态变量的简化表达，其分别表示状态变量在可行域内和在可行域外。

对于一个由n个单元构成的单调关联系统，假设单元的状态变量ξ_i是一个不确定变量，且有

$$\begin{cases} \mathcal{M}(\xi_i = 1) = R_{B,i} \\ \mathcal{M}(\xi_i = 0) = 1 - R_{B,i} \end{cases}$$

式中：$R_{B,i}$ 表示单元的确信可靠度。假设系统的状态变量为 ξ，则 ξ 可以表示为 $\xi_i(i=1,2,\cdots,n)$ 的函数：

$$\xi=\phi(\xi_1,\xi_2,\cdots,\xi_n)$$

式中：$\phi(\cdot)$ 为系统的结构函数。因此，ξ 也是一个不确定变量，且系统的确信可靠度 R_B 可以表示为

$$R_B=\mathcal{M}\{\xi=1\} \tag{5.2}$$

计算确信可靠度的实质是计算 n 个不确定变量 $\xi_i(i=1,2,\cdots,n)$ 的函数 $\xi=\phi(\boldsymbol{\xi})=1$ 的不确定测度。根据布尔不确定变量的运算法则（见定理 2.9），刘宝碇证明了如下的可靠性指数定理（Reliability Index Theorem）。

定理 5.1（可靠性指数定理[2]）　设一个系统包含 n 个不确定单元，状态变量为 $\xi_1,\xi_2,\cdots,\xi_n$，系统的结构函数为 ϕ。如果 $\xi_1,\xi_2,\cdots,\xi_n$ 是相互独立的不确定单元，且其确信可靠度分别为 $R_{B,1},R_{B,2},\cdots,R_{B,n}$，那么系统的确信可靠度为

$$R_B=\begin{cases}\sup\limits_{\phi(x_1,x_2,\cdots,x_n)=1}\min\limits_{1\le i\le n}\nu_i(x_i) & \left(\sup\limits_{\phi(x_1,x_2,\cdots,x_n)=1}\min\limits_{1\le i\le n}\nu_i(x_i)<0.5\right)\\ 1-\sup\limits_{\phi(x_1,x_2,\cdots,x_n)=0}\min\limits_{1\le i\le n}\nu_i(x_i) & \left(\sup\limits_{\phi(x_1,x_2,\cdots,x_n)=1}\min\limits_{1\le i\le n}\nu_i(x_i)\ge0.5\right)\end{cases} \tag{5.3}$$

其中 $x_i(i=1,2,\cdots,n)$ 取值为 0 或 1，且 ν_i 满足

$$\nu_i(x_i)=\begin{cases}R_{B,i} & (x_i=1)\\ 1-R_{B,i} & (x_i=0)\end{cases}$$

直接使用定理 5.1 来计算单调关联系统的确信可靠度是较为复杂的，需要枚举 ξ_i 的所有取值组合，这在实际工程中是非常难以应用的。为了简化计算过程，本书给出一种基于最小割集的单调关联系统确信可靠度计算方法。

定义 5.1（最小割向量[1]）　设 $\boldsymbol{x}=[x_1,x_2,\cdots,x_n]$ 是单调关联系统的状态向量，系统的结构函数为 ϕ。对于一个向量 $\boldsymbol{x}_a$，若 $\forall \boldsymbol{x}_b>\boldsymbol{x}_a$，都有 $\phi(\boldsymbol{x}_a)=0$ 且 $\phi(\boldsymbol{x}_b)=1$，那么 $\boldsymbol{x}_a$ 被称为最小割向量。其中，$\boldsymbol{x}_b>\boldsymbol{x}_a$ 的意义是 $\boldsymbol{x}_{b,i}\ge\boldsymbol{x}_{a,i}(i=1,2,\cdots,n)$ 且至少存在一个 i 使得 $\boldsymbol{x}_{b,i}>\boldsymbol{x}_{a,i}$。

定义 5.2（最小割集[1]）　设 $\boldsymbol{x}_c$ 为一单调关联系统的最小割向量，定义 $C(\boldsymbol{x}_c)=\{i\mid x_{c,i}=0\}$ 为最小割集。

一个最小割集是单元的一类最小集合，这些单元故障时系统就故障。为了更好地给出基于最小割集的单调关联系统确信可靠度计算方法，首先给出如下引理。

引理 5.1[3]　考虑一个由 n 个相互独立的不确定单元组成的单调关联系统，各单元的确信可靠度分别为 $R_{B,i}(i=1,2,\cdots,n)$，其中 $R_{B,1}\ge R_{B,2}\ge\cdots\ge R_{B,n}$，且至少有一个 $R_{B,i}\ge0.5$。如果系统的结构函数 ϕ 为 $\phi(x_1,x_2,\cdots,x_n)=\max\limits_{1\le i\le n}x_i$，

则有

$$\sup_{\phi(x_1,x_2,\cdots,x_n)=1} \min_{1\leq i\leq n} \nu_i(x_i) \geq 0.5$$

其中 $x_i(i=1,2,\cdots,n)$ 取值为 0 或 1，且 ν_i 满足

$$\nu_i(x_i) = \begin{cases} R_{B,i} & (x_i=1) \\ 1-R_{B,i} & (x_i=0) \end{cases}$$

证明： 分两种情况来对该引理进行证明。

（1）若 $R_{B,n} \geq 0.5$，由于 $\phi(1,1,\cdots,1)=1$，有

$$\sup_{\phi(x_1,x_2,\cdots,x_n)=1} \min_{1\leq i\leq n} \nu_i(x_i) \geq \min_{1\leq i\leq n} \nu_i(1) = R_{B,n} \geq 0.5$$

（2）若 $R_{B,n}<0.5$，不妨设存在一个 $k \in [1,n-1]$，使得 $R_{B,k} \geq 0.5$。由于 $R_n<0.5$，则存在一个 $j \in (k,n)$，使得 $R_j \geq 0.5 \geq R_{j+1}$。可以注意到，当

$$x_i = \begin{cases} 1 & (i=1,2,\cdots,j) \\ 0 & (i=j,j+1,\cdots,n) \end{cases}$$

时，$\phi(x_1,x_2,\cdots,x_n)=1$，且此时

$$\min_{1\leq i\leq n} \nu_i(x_i) = \min(\min_{1\leq i\leq j} \nu_i(1), \min_{j+1\leq i\leq n} \nu_i(0)) \geq 0.5$$

因此，$\sup_{\phi(x_1,x_2,\cdots,x_n)=1} \min_{1\leq i\leq n} \nu_i(x_i) \geq 0.5$

引理得证。

下面，基于最小割集的概念给出确信可靠性分析中的最小割集定理。

定理 5.2（最小割集定理[3]） 考虑一个由 n 个相互独立的不确定单元组成的单调关联系统，各单元的确信可靠度分别为 $R_{B,i}(i=1,2,\cdots,n)$。如果系统包括 m 个最小割集 $C_1,C_2,\cdots,C_m$，那么系统的确信可靠度为

$$R_{B,S} = \min_{1\leq i\leq m} \max_{j \in C_i} R_{B,j} \tag{5.4}$$

证明： 不失一般性地，不妨设最小割集 C_i 包含 n_i 个单元，$\sum_{i=1}^{m} n_i = n$，

$$R_{B,11} \geq R_{B,12} \geq \cdots \geq R_{B,1j} \geq \cdots \geq R_{B,1n_1}$$

$$R_{B,21} \geq R_{B,22} \geq \cdots \geq R_{B,2j} \geq \cdots \geq R_{B,2n_2}$$

$$\vdots$$

$$R_{B,m1} \geq R_{B,m2} \geq \cdots \geq R_{B,mj} \geq \cdots \geq R_{B,mn_m}$$

且

$$R_{B,11} \geq R_{B,21} \geq \cdots \geq R_{B,j1} \geq \cdots \geq R_{B,m1}$$

式中：$R_{B,ij}$ 表示第 i 个最小割集中第 j 个单元的确信可靠度。基于以上假设，要证式（5.4），只需证明 $R_{B,S} = R_{B,m1}$，这是因为 $R_{B,11},R_{B,21},\cdots,R_{B,m1}$ 是每个最小割集中确信可靠度最大的，而 $R_{B,m1}$ 又是 $R_{B,11},R_{B,21},\cdots,R_{B,m1}$ 中最小的。

本书分两种情况来证明这一定理。

（1）情况 1：$R_{B,m1}<0.5$。

由于 $\phi(x_1,x_2,\cdots,x_n)=1$ 意味着在每个最小割集中，至少有一个单元正常工作，因此我们可以验证

$$\sup_{\phi(x_1,x_2,\cdots,x_n)=1}\min_{1\leqslant i\leqslant n}\nu_i(x_i)=\min_{1\leqslant i\leqslant m}\max_{\phi_i(x_1,x_2,\cdots,x_{n_i})=1}\min_{1\leqslant j\leqslant n_i}\nu(x_{ij})\qquad(5.5)$$

其中 $\phi_i(x_1,x_2,\cdots,x_{n_i})=\max\limits_{1\leqslant j\leqslant n_i}x_{ij}$。

当 $i=m$ 时，由于 $R_{B,m1}\geqslant R_{B,m2}\geqslant\cdots\geqslant R_{B,mj}\geqslant\cdots\geqslant R_{B,mn_m}$，可以得到

$$\max_{\phi_m(x_1,x_2,\cdots,x_{n_m})=1}\min_{1\leqslant j\leqslant n_m}\nu(x_{mj})=\min(R_{B,m1},\min_{2\leqslant j\leqslant n_m}(1-R_{B,mj}))$$
$$=R_{B,m1}\qquad(5.6)$$

当 $1\leqslant i\leqslant m-1$ 时，若 $R_{B,i1}\geqslant0.5$，根据引理 5.1，可以得到

$$\max_{\phi_i(x_1,x_2,\cdots,x_{n_i})=1}\min_{1\leqslant j\leqslant n_i}\nu(x_{ij})\geqslant0.5>R_{B,m1}\qquad(5.7)$$

若 $R_{B,i1}<0.5$，则类似式（5.6），可以证明

$$\max_{\phi_i(x_1,x_2,\cdots,x_{n_i})=1}\min_{1\leqslant j\leqslant n_i}\nu(x_{ij})=R_{B,i1}\geqslant R_{B,m1}\qquad(5.8)$$

将式（5.7）式（5.8）代入式（5.5），则容易得到

$$\sup_{\phi(x_1,x_2,\cdots,x_n)=1}\min_{1\leqslant i\leqslant n}\nu_i(x_i)=R_{B,m1}<0.5$$

根据定理 5.1，可以知道此时 $R_{B,S}=R_{B,m1}$。

（2）情况 2：$R_{B,m1}\geqslant0.5$

因为 $R_{B,11}\geqslant R_{B,21}\geqslant\cdots\geqslant R_{B,j1}\geqslant\cdots\geqslant R_{B,m1}\geqslant0.5$，因此根据引理 5.1，有

$$\sup_{\phi(x_1,x_2,\cdots,x_n)=1}\min_{1\leqslant i\leqslant n}\nu_i(x_i)\geqslant0.5$$

由于 $\phi(x_1,x_2,\cdots,x_n)=0$ 意味着至少存在一个最小割集，其中的所有单元都故障了，因此可以得到

$$\sup_{\phi(x_1,x_2,\cdots,x_n)=0}\min_{1\leqslant i\leqslant n}\nu_i(x_i)=\max_{1\leqslant i\leqslant m}\min_{1\leqslant j\leqslant n_i}(1-R_{B,ij})$$
$$=\max_{1\leqslant i\leqslant m}(1-R_{B,i1})$$
$$=1-R_{B,m1}$$

那么，根据定理 5.1，此时 $R_{B,S}=1-\sup\limits_{\phi(x_1,x_2,\cdots,x_n)=0}\min\limits_{1\leqslant i\leqslant n}\nu_i(x_i)=R_{B,m1}$。

综合上述两种情况，$R_{B,S}=R_{B,m1}$，定理得证。

利用最小割集定理，一些典型系统的确信可靠度可以较为容易地计算。为了更好地说明最小割集定理的用途，本书主要给出串联系统、并联系统和 n 中取 k 系统的确信可靠度计算过程。

例 5.1（串联系统）：考虑一个由 n 个相互独立的不确定单元组成的串联系统，各单元的确信可靠度分别为 $R_{B,i}(i=1,2,\cdots,n)$。由于串联系统中任何一个

单元故障都会导致系统故障,因此容易知道串联系统有 n 个最小割集,分别是 $C_1 = \{1\}$, $C_2 = \{2\}$, $\cdots$, $C_n = \{n\}$。根据定理 5.2,系统的确信可靠度为

$$R_{B,S} = \min_{1 \leqslant i \leqslant n} \max_{j \in C_i} R_{B,j} = \min_{1 \leqslant i \leqslant n} R_{B,i}$$

例 5.2(并联系统): 考虑一个由 n 个相互独立的不确定单元组成的并联系统,各单元的确信可靠度分别为 $R_{B,i}(i = 1, 2, \cdots, n)$。由于并联系统中所有单元都发生故障才会导致系统故障,因此容易知道并联系统只有一个最小割集,即 $C_1 = \{1, 2, \cdots, n\}$。根据定理 5.2,系统的确信可靠度为

$$R_{B,S} = \max_{1 \leqslant i \leqslant n} R_{B,i}$$

例 5.3(n 中取 k 系统): 考虑一个由 n 个相互独立的不确定单元组成的 n 中取 k 系统,各单元的确信可靠度分别为 $R_{B,i}(i = 1, 2, \cdots, n)$,且满足 $R_{B,1} \geqslant R_{B,2} \geqslant \cdots \geqslant R_{B,n}$。由于在 n 中取 k 系统中,任意 $n-k+1$ 个单元发生故障就将导致系统故障,因此可以知道系统有 C_n^{n-k+1} 个最小割集,且最小割集是 $n-k+1$ 个单元的组合。根据定理 5.2,系统的确信可靠度为

$$R_{B,S} = R_{B,k}$$

需要指出的是,本章参考文献[2]应用可靠性指数定理(定理 5.1)对串联系统、并联系统、n 中取 k 系统的确信可靠度进行了计算,其结果和本书中利用最小割集定理(定理 5.2)得到的结果是相同的。然而,应用可靠性指数定理需要进行 $n \cdot 2^n$ 次比较才能得到结果,而应用最小割集定理只需要开展 n 次比较,其中 n 为系统中不确定单元的个数。这说明,最小割集定理能够大大降低计算成本。

5.1.3 不确定随机系统的可靠性分析方法

如 5.1.2 节中介绍的,同时拥有随机单元和不确定单元的系统称为不确定随机系统。由于两种单元的确信可靠度是基于不同的数学理论进行描述的,因此,这样系统的确信可靠性不能单纯地用不确定理论或概率论来分析。为了将不确定理论和概率论结合起来,本书采用第 2 章提到的机会理论来分析不确定随机系统的确信可靠性。本节将会提出一些基于机会理论的确信可靠度公式,在实际工程中,可以直接利用这些公式计算系统的确信可靠度。

5.1.3.1 简单系统的确信可靠度公式

所谓简单系统,指的是能够分成随机分系统和不确定分系统的系统,其中随机分系统只包含随机单元,不确定分系统只包含不确定单元,并且每个分系统内部的结构可以是任意的,而两个分系统的连接形式可以是串联的,也可以是并联的。根据分系统不同的连接形式,我们用不同的公式进行计算。

定理 5.3[4]　假设一个不确定随机系统可以简化为由一个随机分系统和一个不确定分系统组成,其中随机分系统的确信可靠度为 $R_{\mathrm{B,R}}^{(\mathrm{P})}(t)$,不确定分系统的确信可靠度为 $R_{\mathrm{B,U}}^{(\mathrm{U})}(t)$。若两个分系统串联连接,则系统的确信可靠度为

$$R_{\mathrm{B,S}}(t) = R_{\mathrm{B,R}}^{(\mathrm{P})}(t) \cdot R_{\mathrm{B,U}}^{(\mathrm{U})}(t) \tag{5.9}$$

若两个分系统并联连接,则系统的确信可靠度为

$$R_{\mathrm{B,S}}(t) = 1 - (1 - R_{\mathrm{B,R}}^{(\mathrm{P})}(t)) \cdot (1 - R_{\mathrm{B,U}}^{(\mathrm{U})}(t)) \tag{5.10}$$

证明:设随机分系统和不确定分系统的故障时间分别为 $T_{\mathrm{R}}^{(\mathrm{P})}$ 和 $T_{\mathrm{U}}^{(\mathrm{U})}$,他们是根据分系统的内部结构以及相应分系统中每个单元的故障时间得到的。因此,$T_{\mathrm{R}}^{(\mathrm{P})}$ 是一个随机变量,$T_{\mathrm{U}}^{(\mathrm{U})}$ 是一个不确定变量。

当两个分系统串联连接时,系统的故障时间为

$$T = T_{\mathrm{R}}^{(\mathrm{P})} \wedge T_{\mathrm{U}}^{(\mathrm{U})}$$

那么根据定理 2.16,有

$$\begin{aligned}
R_{\mathrm{B,S}}(t) &= \mathrm{Ch}\{T > t\} \\
&= \mathrm{Ch}\{T_{\mathrm{R}}^{(\mathrm{P})} \wedge T_{\mathrm{U}}^{(\mathrm{U})} > t\} \\
&= \mathrm{Ch}\{(T_{\mathrm{R}}^{(\mathrm{P})} > t) \cap (T_{\mathrm{U}}^{(\mathrm{U})} > t)\} \\
&= \mathrm{Pr}\{T_{\mathrm{R}}^{(\mathrm{P})} > t\} \times \mathcal{M}\{T_{\mathrm{U}}^{(\mathrm{U})} > t\} \\
&= R_{\mathrm{B,R}}^{(\mathrm{P})}(t) \cdot R_{\mathrm{B,U}}^{(\mathrm{U})}(t)
\end{aligned}$$

当两个分系统并联连接时,系统的故障时间为

$$T = T_{\mathrm{R}}^{(\mathrm{P})} \vee T_{\mathrm{U}}^{(\mathrm{U})}$$

那么根据定理 2.16,有

$$\begin{aligned}
R_{\mathrm{B,S}}(t) &= \mathrm{Ch}\{T > t\} \\
&= \mathrm{Ch}\{T_{\mathrm{R}}^{(\mathrm{P})} \vee T_{\mathrm{U}}^{(\mathrm{U})} > t\} \\
&= 1 - \mathrm{Ch}\{T_{\mathrm{R}}^{(\mathrm{P})} \vee T_{\mathrm{U}}^{(\mathrm{U})} \leqslant t\} \\
&= 1 - \mathrm{Ch}\{(T_{\mathrm{R}}^{(\mathrm{P})} \leqslant t) \cap (T_{\mathrm{U}}^{(\mathrm{U})} \leqslant t)\} \\
&= 1 - \mathrm{Pr}\{T_{\mathrm{R}}^{(\mathrm{P})} \leqslant t\} \times \mathcal{M}\{T_{\mathrm{U}}^{(\mathrm{U})} \leqslant t\} \\
&= 1 - (1 - R_{\mathrm{B,R}}^{(\mathrm{P})}(t)) \cdot (1 - R_{\mathrm{B,U}}^{(\mathrm{U})}(t))
\end{aligned}$$

定理得证。

需要说明的是,在定理 5.3 中,随机分系统的确信可靠度可以通过经典的概率可靠度计算方法获得,不确定分系统的确信可靠度可通过 5.1.2 节中介绍的可靠性指数定理或最小割集定理进行计算。另外,本节针对一些经典的系统,如串联系统、并联系统等进行确信可靠度计算,并以此展示定理 5.3 的详细用法。

例 5.4(串联系统):考虑一个不确定随机串联系统,它由 m 个确信可靠度

103

分别为 $R_{B,i}^{(P)}(t)(i=1,2,\cdots,m)$ 的随机单元和 n 个确信可靠度分别为 $R_{B,j}^{(U)}(t)$ $(j=1,2,\cdots,n)$ 的不确定单元串联而成。显然，这个系统可以简化为由一个随机分系统和一个不确定分系统串联组成，其中随机分系统中的随机单元和不确定分系统中的不确定单元均是串联的。设随机单元和不确定单元的故障时间分别为 $\eta_1,\eta_2,\cdots,\eta_m$ 和 $\tau_1,\tau_2,\cdots,\tau_n$，那么根据定理 5.3，系统的确信可靠度为

$$
\begin{aligned}
R_{B,S}(t) &= R_{B,R}^{(P)}(t) \cdot R_{B,U}^{(U)}(t) \\
&= \Pr\left\{\min_i \eta_i > t\right\} \times \mathcal{M}\left\{\min_j \tau_j > t\right\} \\
&= \Pr\left\{\bigcap_{i=1}^{m}(\eta_i > t)\right\} \times \mathcal{M}\left\{\bigcap_{j=1}^{n}(\tau_j > t)\right\} \\
&= \prod_{i=1}^{m} R_{B,i}^{(P)}(t) \cdot \min_j R_{B,j}^{(U)}(t)
\end{aligned}
$$

例 5.5(并-串联系统)：考虑一个不确定随机并-串联系统，它由 m 个确信可靠度分别为 $R_{B,i}^{(P)}(t)(i=1,2,\cdots,m)$ 的随机单元和 n 个确信可靠度分别为 $R_{B,j}^{(U)}(t)(j=1,2,\cdots,n)$ 的不确定单元组成。假设这个系统可以简化为由一个随机分系统和一个不确定分系统串联而成，其中随机分系统中的随机单元和不确定分系统中的不确定单元均是并联的，那么若设随机单元和不确定单元的故障时间分别为 $\eta_1,\eta_2,\cdots,\eta_m$ 和 $\tau_1,\tau_2,\cdots,\tau_n$，根据定理 5.3，系统的确信可靠度为

$$
\begin{aligned}
R_{B,S}(t) &= R_{B,R}^{(P)}(t) \cdot R_{B,U}^{(U)}(t) \\
&= \Pr\left\{\max_i \eta_i > t\right\} \times \mathcal{M}\left\{\max_j \tau_j > t\right\} \\
&= \left(1 - \Pr\left\{\max_i \eta_i \leqslant t\right\}\right) \cdot \left(1 - \mathcal{M}\left\{\max_j \tau_j \leqslant t\right\}\right) \\
&= \left(1 - \Pr\left\{\bigcap_{i=1}^{m}(\eta_i \leqslant t)\right\}\right) \cdot \left(1 - \mathcal{M}\left\{\bigcap_{j=1}^{n}(\tau_j \leqslant t)\right\}\right) \\
&= \left(1 - \prod_{i=1}^{m}(1 - R_{B,i}^{(P)}(t))\right) \cdot \max_j R_{B,j}^{(U)}(t)
\end{aligned}
$$

例 5.6(并联系统)：考虑一个不确定随机并联系统，它由 m 个确信可靠度分别为 $R_{B,i}^{(P)}(t)(i=1,2,\cdots,m)$ 的随机单元和 n 个确信可靠度分别为 $R_{B,j}^{(U)}(t)(j=1,2,\cdots,n)$ 的不确定单元并联而成。显然，这个系统可以简化为由一个随机分系统和一个不确定分系统并联组成，其中随机分系统中的随机单元和不确定分系统中的不确定单元均是并联的。设随机单元和不确定单元的故障时间分别为 $\eta_1,\eta_2,\cdots,\eta_m$ 和 $\tau_1,\tau_2,\cdots,\tau_n$，那么根据定理 5.3，系统的确信可靠度为

$$R_{\mathrm{B,S}}(t) = 1 - (1 - R_{\mathrm{B,R}}^{(\mathrm{P})}(t)) \cdot (1 - R_{\mathrm{B,U}}^{(\mathrm{U})}(t))$$
$$= 1 - (1 - \mathrm{Pr}\{\max_i \eta_i > t\}) \cdot (1 - \mathcal{M}\{\max_j \tau_j > t\})$$
$$= 1 - \mathrm{Pr}\{\max_i \eta_i \leqslant t\} \cdot \mathcal{M}\{\max_j \tau_j \leqslant t\}$$
$$= 1 - \mathrm{Pr}\left\{\bigcap_{i=1}^m (\eta_i \leqslant t)\right\} \cdot \mathcal{M}\left\{\bigcap_{j=1}^n (\tau_j \leqslant t)\right\}$$
$$= 1 - \left(\prod_{i=1}^m (1 - R_{\mathrm{B},i}^{(\mathrm{P})}(t))\right) \cdot (1 - \max_j R_{\mathrm{B},j}^{(\mathrm{U})}(t))$$

例 5.7(串-并联系统)：考虑一个不确定随机串-并联系统,它由 m 个确信可靠度分别为 $R_{\mathrm{B},i}^{(\mathrm{P})}(t)$ $(i=1,2,\cdots,m)$ 的随机单元和 n 个确信可靠度分别为 $R_{\mathrm{B},j}^{(\mathrm{U})}(t)$ $(j=1,2,\cdots,n)$ 的不确定单元组成。假设这个系统可以简化为由一个随机分系统和一个不确定分系统并联而成,其中随机分系统中的随机单元和不确定分系统中的不确定单元均是串联的,那么若设随机单元和不确定单元的故障时间分别为 $\eta_1,\eta_2,\cdots,\eta_m$ 和 $\tau_1,\tau_2,\cdots,\tau_n$,根据定理 5.3,系统的确信可靠度为

$$R_{\mathrm{B,S}}(t) = 1 - (1 - R_{\mathrm{B,R}}^{(\mathrm{P})}(t)) \cdot (1 - R_{\mathrm{B,U}}^{(\mathrm{U})}(t))$$
$$= 1 - (1 - \mathrm{Pr}\{\min_i \eta_i > t\}) \cdot (1 - \mathcal{M}\{\min_j \tau_j > t\})$$
$$= 1 - \left(1 - \mathrm{Pr}\left\{\bigcap_{i=1}^m (\eta_i > t)\right\}\right) \cdot \left(1 - \mathcal{M}\left\{\bigcap_{j=1}^n (\tau_j > t)\right\}\right)$$
$$= 1 - \left(1 - \prod_{i=1}^m R_{\mathrm{B},i}^{(\mathrm{P})}(t)\right) \cdot (1 - \min_j R_{\mathrm{B},j}^{(\mathrm{U})}(t))$$

5.1.3.2　复杂系统的确信可靠度公式

所谓复杂系统,指的是不能够划分为随机分系统和不确定分系统的系统,例如 n 中取 k 系统。对于复杂的不确定随机系统而言,直接得到系统确信可靠度函数是非常困难的。在本书中,我们给出当系统和单元均只有工作和故障两种状态(二态系统)时,复杂系统确信可靠度的计算方法。

定理 5.4[5]　设一个二态系统的结构函数为 ϕ,系统由 m 个确信可靠度分别为 $R_{\mathrm{B},i}^{(\mathrm{P})}(t)$ $(i=1,2,\cdots,m)$ 的随机单元和 n 个确信可靠度分别为 $R_{\mathrm{B},j}^{(\mathrm{U})}(t)$ $(j=1,2,\cdots,n)$ 的不确定单元组成。设随机单元和不确定单元在 t 时刻的状态为布尔变量,且 0 表示故障,1 表示正常。那么系统的确信可靠度为

$$R_{\mathrm{B,S}}(t) = \sum_{(y_1,\cdots,y_m) \in \{0,1\}^m} \left(\prod_{i=1}^m \mu_i(y_i,t)\right) \cdot Z(y_1,y_2,\cdots,y_m,t) \quad (5.11)$$

其中,

$$Z(y_1, y_2, \cdots, y_m, t)$$

$$
= \begin{cases} \displaystyle\sup_{\phi(y_1, \cdots, y_m, z_1, \cdots, z_n) = 1} \min_{1 \leqslant j \leqslant n} \nu_j(z_j, t) & \left(\displaystyle\sup_{\phi(y_1, \cdots, y_m, z_1, \cdots, z_n) = 1} \min_{1 \leqslant j \leqslant n} \nu_j(z_j, t) < 0.5 \right) \\ 1 - \displaystyle\sup_{\phi(y_1, \cdots, y_m, z_1, \cdots, z_n) = 0} \min_{1 \leqslant j \leqslant n} \nu_j(z_j, t) & \left(\displaystyle\sup_{\phi(y_1, \cdots, y_m, z_1, \cdots, z_n) = 1} \min_{1 \leqslant j \leqslant n} \nu_j(z_j, t) \geqslant 0.5 \right) \end{cases}
$$

$$
\mu_i(y_i, t) = \begin{cases} R_{\mathrm{B}, i}^{(\mathrm{P})}(t) & (y_i = 1) \\ 1 - R_{\mathrm{B}, i}^{(\mathrm{P})}(t) & (y_i = 0) \end{cases} \qquad (i = 1, 2, \cdots, m)
$$

$$
\nu_j(z_j, t) = \begin{cases} R_{\mathrm{B}, j}^{(\mathrm{U})}(t) & (z_j = 1) \\ 1 - R_{\mathrm{B}, j}^{(\mathrm{U})}(t) & (z_j = 0) \end{cases} \qquad (j = 1, 2, \cdots, n)
$$

证明: 首先,我们不考虑时间 t 的影响。在一个固定的时刻,每个随机单元的状态均为布尔随机变量,用 $\eta_i(i = 1, 2, \cdots, m)$ 表示,且 $\Pr\{\eta_i = 1\} = R_{\mathrm{B}, i}^{(\mathrm{P})}$；每个不确定单元的状态均为布尔不确定变量,用 $\tau_j(j = 1, 2, \cdots, n)$ 表示,且 $M\{\tau_j = 1\} = R_{\mathrm{B}, j}^{(\mathrm{U})}$。则系统在这一个固定时刻的确信可靠度可以表示为

$$R_{\mathrm{B,S}} = \mathrm{Ch}\{\phi(\eta_1, \cdots, \eta_m; \tau_1, \cdots, \tau_n) = 1\}$$

那么,由定理 2.22 可得

$$R_{\mathrm{B,S}} = \sum_{(y_1, \cdots, y_m) \in \{0,1\}^m} \left(\prod_{i=1}^{m} \mu_i(y_i) \right) \cdot M\{\phi(y_1, \cdots, y_m; \tau_1, \cdots, \tau_n) = 1\}$$

当确定 $(y_1, \cdots, y_m)$ 时, $\phi(\eta_1, \cdots, \eta_m; \tau_1, \cdots, \tau_n)$ 是一个不确定变量的布尔函数。那么根据定理 2.9,可以轻易得到

$$M\{\phi(y_1, \cdots, y_m; \tau_1, \cdots, \tau_n) = 1\} = Z(y_1, \cdots, y_m)$$

故有

$$R_{\mathrm{B,S}} = \sum_{(y_1, \cdots, y_m) \in \{0,1\}^m} \left(\prod_{i=1}^{m} \mu_i(y_i) \right) \cdot Z(y_1, \cdots, y_m) \qquad (5.12)$$

然后,考虑时间的影响,即在每个时刻 t 都对式(5.12)进行计算,可得式(5.11)。定理得证。

5.2　基于故障树模型的系统确信可靠性建模与分析

故障树是另一种常见的系统可靠性模型。本节主要介绍基于故障树模型开展确信可靠性分析的方法。

5.2.1　故障树

故障树就是一个用于展示关键事件(特别是系统故障)以及引起该事件的起因(特别是部件故障)间逻辑关系的图模型。故障树将系统的状态与部件的

状态之间建立了联系。故障树的构建主要是基于逻辑门的。在这里,我们仅讨论基本的逻辑门和事件,更为详细的介绍读者可以参考本章参考文献[6]。

表 5.1 给出了故障树中常见的逻辑门和基本事件的符号表示。基本事件是指不需要进行进一步分解的故障。故障树描述的是系统故障与基本事件之间的逻辑关系,基本事件多指部件的故障。除了基本事件,在故障树中,还有一类事件是未展开事件。未展开事件是我们不进一步展开的故障(事件)。不进一步展开的原因可能是我们认为它不重要,也可能是我们没有充足的有效信息支撑对它的进一步展开。

表 5.1　故障树中常见的事件及逻辑门符号

符　　号	名　　称	符　　号	名　　称
○	基本事件	与门	与门
▭	顶事件 中间事件	或门	或门

中间事件经常相对应于子系统的故障,并同逻辑门与导致子系统故障的部件故障联系起来。在故障树中,最重要的两个逻辑门是"与门"和"或门"。对于"与门",仅仅当所有的输入事件都发生时,输出事件才发生。对于"或门",至少一个输入事件发生时,输出事件就发生。

例 5.8(故障树示例):图 5.5 展示了一个由一个顶事件、一个中间事件和三个基本事件构成的故障树。其中,顶事件是某消防报警系统的故障。这个系统故障由中间事件通过与门连接喷水器故障和报警器故障。与门意味着仅仅当报警装置和喷水器同时故障时,顶事件才会发生。相应地,报警器故障是由两个基本事件通过或门连接而导致,即输电线故障和供电故障只要发生一个,报警系统都将发生故障。

当故障树仅包含与门和或门时,故障树与可靠性框图是等价的。例如,串联系统的可靠性框图表示,所有的部件必须同时工作,系统才处于正常状态;也就是说,

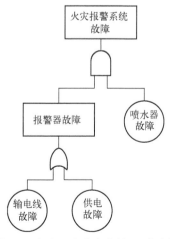

图 5.5　包含三个基本事件、一个中间事件、一个顶事件的某消防报警系统故障树

只要有一个部件发生故障,则该系统发生故障。因此,我们可以将串联系统的可靠性框图等效为一个含有或门的故障树,如图5.6所示。图5.6中还给出了一些可靠性框图与故障树之间的简单对应关系。

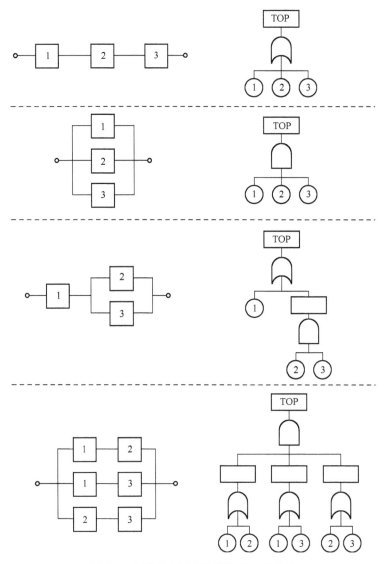

图5.6 可靠性框图与故障树的对应关系

根据故障树和可靠性框图之间的转换关系,也能够得到故障树的结构函数,具体方法可以参考本章参考文献[7]。基于结构函数,可以定义故障树的割集,这在基于故障树的确信可靠性分析中具有重要地位。

定义 5.3(割向量和割集[1])　设 $x = [x_1, x_2, \cdots, x_n]$ 是故障树各基本事件的状态向量,故障树的结构函数为 ϕ。若一个向量 x_{CS} 满足 $\phi(x_{CS}) = 0$,则称该向量为故障树的割向量,且集合 $CS = \{i \mid x_{CS,i} = 0\}$ 被称为故障树的割集。

可以注意到,一个割集也可能是故障树的最小割集,最小割集一定是故障树的割集。在本节中,我们介绍一种识别故障树割集的方法:下行法。

下行法的特点是根据故障树的实际结构,从顶事件开始,逐级向下寻查,找出割集。规定在下行过程中,顺次将逻辑门的输出事件置换成输入事件。在寻查的过程中,遇到与门就将其输入事件排在同一行(取输入事件的交,即布尔积),遇到或门就将其输入事件各自排成一行(取输入事件的并,即布尔和),这样直到全部置换成底事件为止,这样就得到了所有的割集。

例 5.9:下面通过一个例子展示如何通过下行法求取故障树的最小割集。考虑一个输变电网络的故障树,如图 5.7 所示。用下行法找所有最小割集的步骤如下。

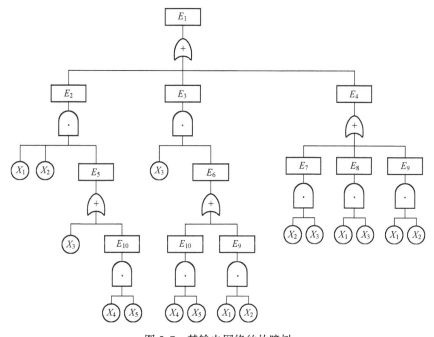

图 5.7　某输电网络的故障树

步骤 1:顶事件 E_1 下面是或门,将其输入事件 E_2, E_3, E_4 各自排成一行。

步骤 2:事件 E_2 下面是与门,将其输入 X_1, X_2, E_5 排在同一行;事件 E_3 下面是与门,将其输入 X_3, E_6 排成另一行;事件 E_4 下面是或门,将其输入 E_7, E_8, E_9 各自排成一行。

步骤 3:事件 E_5 下面是或门,将其输入 X_3,E_{10} 各自排成一行并分别与 X_1,X_2 组合成为 X_1,X_2,X_3；X_1,X_2,E_{10}；

事件 E_6 下面是或门,将其输入 E_{10},E_9 各自排一行并分别与 X_3 组合成为 X_3,E_{10},X_3,E_9；

事件 E_7 下面是与门,将其输入 X_2,X_3 写在同一行；

事件 E_6 下面是与门,将其输入 X_1,X_3 写在同一行；

事件 E_9 下面是与门,将其输入 X_1,X_2 写在同一行。

步骤 4:事件 E_{10} 下面是与门,将其输入 X_4,X_5 写在同一行,并与 X_1,X_2 组合成 X_1,X_2,X_4,X_5；

将 E_{10} 下面与门输入 X_4,X_5 和 X_3 组合成 X_3,X_4,X_5；

将 E_9 下面与门输入 X_1,X_2 和 X_3 组合成 X_3,X_1,X_2。

至此,故障树的所有逻辑门的输出事件都已被处理,步骤 4 所得到的每一行都是一个割集,共得到七个割集。可以观察到,这七个割集中,有一些割集中的元素相互重复,在删除掉重复的割集之后,就可以得到最小割集。我们进一步总结上述步骤为表 5.2。

表 5.2   下行法获取故障树割集的步骤

开始	步骤 1	步骤 2	步骤 3	步骤 4
$E_1 \rightarrow$	$E_2 \rightarrow$	$X_1,X_2,E_5 \rightarrow$	$X_1,X_2,X_3 \rightarrow$	X_1,X_2,X_3
	E_3	X_3,E_6	X_1,X_2,E_{10}	X_1,X_2,X_4,X_5
	E_4	E_7	X_3,E_{10}	X_3,X_4,X_5
		E_8	X_3,E_9	X_3,X_1,X_2
		E_9	X_2,X_3	X_2,X_3
			X_1,X_3	X_1,X_3
			X_1,X_2	X_1,X_2

5.2.2　不确定系统的故障树分析

本节主要讨论不确定系统的故障树分析。假设故障树中各个基本事件对应的单元均是不确定单元,即其确信可靠度是在不确定理论下给出的。在这一假设下,可以利用故障树的割集实现基于系统故障树的确信可靠性分析。首先,我们说明最小割集定理(定理 5.2)的结论同样适用于所有割集,然后基于割集定理给出通过故障树来计算系统确信可靠度的基本算法。

定理 5.5(割集定理[3])   假设一个故障树具有 l 个割集 $CS_1,CS_2,\cdots,CS_l$,其中包含部分最小割集。那么,系统确信可靠性可以通过下式计算:

$$R_{\mathrm{B,S}} = \min_{1 \le i \le l} \max_{j \in CS_i} R_{\mathrm{B},j} \tag{5.13}$$

证明: 设在 l 个故障树的割集中,最小割集为 $CS_1, CS_2, \cdots, CS_m$,其中 $m < l$。令 $R_{\mathrm{B,MCS}} = \min_{1 \le i \le m} \max_{j \in CS_i} R_{\mathrm{B},j}$。不失一般性地,假设割集 CS_{m+1} 包含了最小割集 CS_1 中的元素,且多出的元素对应的单元确信可靠度满足 $R_{\mathrm{B,R,1}} \ge R_{\mathrm{B,R,2}} \ge \cdots \ge R_{\mathrm{B,R},n_R}$。再令 $R_{\mathrm{B,1}}$ 表示 CS_1 中单元确信可靠度最大值。

若 $R_{\mathrm{B,R,1}} \le R_{\mathrm{B,1}}$,那么我们很容易得到

$$R_{\mathrm{B,MCS}} = \min_{1 \le i \le m+1} \max_{j \in CS_i} R_{\mathrm{B},j} \tag{5.14}$$

若 $R_{\mathrm{B,R,1}} > R_{\mathrm{B,1}}$,由于 $\max_{j \in CS_{m+1}} R_{\mathrm{B},j} = R_{\mathrm{B,R,1}} > R_{\mathrm{B,1}}$,式(5.14)仍然成立。

类似地,可以证明 $R_{\mathrm{B,MCS}} = \min_{1 \le i \le l} \max_{j \in CS_i} R_{\mathrm{B},j}$。由定理 5.2 知,$R_{\mathrm{B,S}} = R_{\mathrm{B,MCS}}$,因此有

$$R_{\mathrm{B,S}} = \min_{1 \le i \le l} \max_{j \in CS_i} R_{\mathrm{B},j}$$

定理得证。

基于故障树的割集定理,可以用以下算法来计算系统的确信可靠度。

算法 5.1(基于故障树的确信可靠性分析[3])

1:对故障树的所有逻辑门进行深度优先搜索;
2:对每个逻辑门,都计算其输出的确信可靠度,若后续还有逻辑门,则输出的确信可靠度作为下一个逻辑门的输入,即

$$R_{\mathrm{B,out}} = \begin{cases} \min_{1 \le i \le n} R_{\mathrm{B,in},i} & (\text{对于或门}) \\ \max_{1 \le i \le n} R_{\mathrm{B,in},i} & (\text{对于与门}) \end{cases};$$

3:$R_{\mathrm{B,S}} \leftarrow R_{B,\mathrm{out},TE}$;
4:返回 $R_{\mathrm{B,S}}$ 的值。

5.2.3　案例研究

本节以 F-18 飞机的左前缘襟翼控制分系统为例,开展基于故障树的确信可靠性分析。左右前缘襟翼的功能原理图如图 5.8 所示,本例只针对左前缘襟翼这个分系统构建故障树,如图 5.9 所示。

在这个故障树中,各个基本事件对应的单元确信可靠度均通过单元确信可靠性评估方法得到,分别为 $R_{\mathrm{B,1}} = 0.9688$, $R_{\mathrm{B,2}} = 0.9200$, $R_{\mathrm{B,3}} = 0.9500$, $R_{\mathrm{B,4}} = 0.9000$, $R_{\mathrm{B,5}} = 0.8000$, $R_{\mathrm{B,6}} = 0.8800$, $R_{\mathrm{B,7}} = 0.9600$, $R_{\mathrm{B,8}} = 0.9700$, $R_{\mathrm{B,9}} = 0.9500$。根据算法 5.1,系统的确信可靠度可以计算为

$$R_{B,S} = R_{B,1} \wedge R_{B,2} \wedge R_{B,3} \wedge ((R_{B,5} \wedge R_{B,8}) \vee (R_{B,6} \wedge R_{B,9})) \wedge (R_{B,4} \vee R_{B,5} \vee R_{B,6} \vee R_{B,7})$$
$$= 0.8800$$

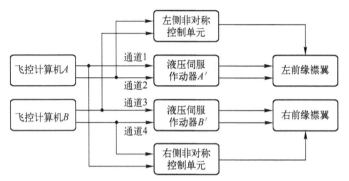

图 5.8　F-18 飞机左右前缘襟翼控制系统的原理图[8]

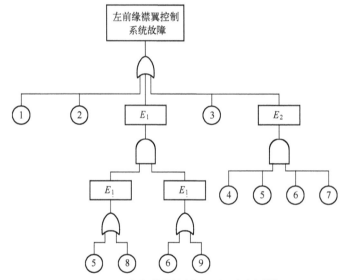

图 5.9　左前缘襟翼控制分系统故障树[8]

1—液压伺服作动器 A 故障;2—左侧非对称控制单元故障;3—左前缘襟翼故障;
4~7—通道 1~4 故障;8—飞控计算机 A 故障;9—飞控计算机 B 故障。

对于这个问题,仍然可以使用定理 5.1 的方法来计算确信可靠度。容易知道,利用这种方法得到的系统确信可靠度与基于算法 5.1 得到的结果相同,这进一步证明了算法的正确性。另外需要说明的是,利用定理 5.1 计算系统确信可靠度时,需要枚举出每个单元的状态(共 $2^9 = 512$ 个状态),且需要进行 $9 \times 2^9 = 4608$ 次比较;而当使用算法 5.1 计算时,只需要进行 10 次比较即可,这对计算效率是巨大的提高。

![参考文献图标] **参考文献**

［1］　曹晋华,程侃. 可靠性数学引论[M]. 北京:高等教育出版社, 2012.

［2］　LIU B D. Uncertain risk analysis and uncertain reliability analysis[J]. Journal of Uncertain Systems,2010,4(4):163-170.

［3］　ZENG Z G,KANG R,WEN M L,et al. Uncertainty theory as a basis for belief reliability[J]. Information Sciences,2018,429(2018):26-36.

［4］　ZHANG Q Y,KANG R,WEN M L,Belief reliability for uncertain random systems[J]. IEEE Transactions on Fuzzy Systems,2018,26(6):3605-3614.

［5］　WEN M L,KANG R. Reliability analysis in uncertain random system[J]. Fuzzy Optimization & Decision Making,2016:491-506.

［6］　FUSSELL J B, VESELY W E. A new methodology for obtaining cut sets for fault trees[J]. Transactions of the American Nuclear Socity,1972,15(1):262-263.

［7］　HAMADA M,F MARTZ H,S REESE C,et al. A fully Bayesian approach for combining multilevel failure information in fault tree quantification and optimal follow－on resource allocation[J]. Reliability Engineering & System Safety,2004,86(3):297-305.

［8］　A DOYLE S,B DUGAN J,PATTERSON－HINE A. A quantitative analysis of the F18 flight control system[J]. AIAA Journal,1993.

第6章

确信可靠性设计与优化

本章主要讨论确信可靠性设计与优化问题。确信可靠性设计与优化,是指将确信可靠性理论与最优化技术结合起来,使设计产生的确信可靠性参数能够保证设计方案满足基本可靠性要求的前提下,具有最优的工作性能、成本或者效益等。本章介绍的确信可靠性设计与优化方法,将确信可靠性理论与数据包络分析相结合,进行备件保障的相关优化设计。

6.1 数据包络分析方法

数据包络分析(Data Envelopment Analysis,DEA)作为一种有用的管理和决策工具,是 Charnes 等[1]于 1978 年提出的。由于 DEA 方法不需要预先估计参数,在避免主观因素和简化运算、减少误差等方面有着不可低估的优越性,因此被广泛应用于管理学、经济学、军事学等诸多领域,现已成为运筹学的一个新的分支。DEA 方法是以相对效率概念为基础,用数学规划模型评价具有多投入多产出的相同类型决策单元的相对有效性的一种非参数统计方法。每一个被评价单位就是一个决策单元(Decision Making Unit,DMU),它可以是飞机、轮船、坦克、高铁,也可以是手机、电器、仪器等。评价依据主要包括两类:一类是需要耗费的量,即所谓的输入,它们表示决策单元"资源"的耗费,例如投入的资金总额、投入的总劳动力数量、占地面积等;另一类是表明该活动的成效的量,即所谓的输出,它们是决策单元在消耗了"资源"之后,表明"成效"的指标,例如产品数量、产品质量、利润等。以电力系统黑启动方案评价为例,输入指标选取电压转换次数、路径长度、被启动电源优先级和启动时间,输出指标选取被启动机组容量和技术校验优劣程度。

6.1.1 不确定 DEA 模型

尽管 DEA 模型应用非常广泛,但是也有一个显著的局限性,即对数据非常敏感,一个微小的扰动都将会对结果产生非常大的影响,甚至可能得到截然相反的评价结果。因此,数据的准确测量是 DEA 方法的关键,但是在实际评价过程中,由于生产过程复杂等原因,通常难以精确地给出输入和输出数据。对此,文美林[2]首次将不确定理论与 DEA 方法相结合,提出了不确定 DEA 方法,该方法用不确定变量刻画决策单元的输入与输出,因此对于输入输出数据的精确性要求较低,进而解决了 DEA 方法对数据敏感的局限性。本节将针对不确定 DEA 模型进行详细阐述。

首先,本节针对与不确定 DEA 模型相关的符号进行归纳以便于读者阅读,具体表示为

DMU_i:第 i 个决策单元 $(i=1,2,\cdots,n)$;

DMU_0:目标决策单元;

$\tilde{\boldsymbol{x}}_k = (\tilde{x}_{k1},\tilde{x}_{k2},\cdots,\tilde{x}_{kp})^{\mathrm{T}}$:$\mathrm{DMU}_k$ 的不确定输入向量 $(k=1,2,\cdots,n)$;

$\Phi_{ki}(x)$:$\tilde{x}_{ki}$ 的不确定分布 $(k=1,2,\cdots,n;i=1,2,\cdots,p)$;

$\Phi_{ki}(x) = (\Phi_{k1}(x),\Phi_{k2}(x),\cdots,\Phi_{kp}(x))$:$\tilde{\boldsymbol{x}}_k = (\tilde{x}_{k1},\tilde{x}_{k2},\cdots,\tilde{x}_{kp})$ 的不确定分布向量 $(k=1,2,\cdots,n)$;

$\boldsymbol{x}_0 = (x_{01},x_{02},\cdots,x_{0p})^{\mathrm{T}}$:$\mathrm{DMU}_0$ 的不确定输入向量;

$\Phi_{0i}(x)$:$\tilde{x}_{0i}$ 的不确定分布 $(i=1,2,\cdots,p)$;

$\tilde{\boldsymbol{y}}_k = (\tilde{y}_{k1},\tilde{y}_{k2},\cdots,\tilde{y}_{kq})^{\mathrm{T}}$:$\mathrm{DMU}_k$ 的不确定输出向量 $(k=1,2,\cdots,n)$;

$\Psi_{kj}(x)$:$\tilde{y}_{kj}$ 的不确定分布 $(k=1,2,\cdots,n;j=1,2,\cdots,q)$;

$\Psi_k(x) = (\Psi_{k1}(x),\Psi_{k2}(x),\cdots,\Psi_{kq}(x))$:$\tilde{\boldsymbol{y}}_k = (\tilde{y}_{k1},\tilde{y}_{k2},\cdots,\tilde{y}_{kq})$ 的不确定分布向量 $(k=1,2,\cdots,n)$;

$\boldsymbol{y}_0 = (y_{01},y_{02},\cdots,y_{0q})^{\mathrm{T}}$:$\mathrm{DMU}_0$ 的不确定输入向量;

$\Psi_{0j}(x)$:$\tilde{y}_{0j}$ 的不确定分布 $(j=1,2,\cdots,q)$;

$\boldsymbol{u} \in R^{p\times1}$:决策向量,代表输入权重;

$\boldsymbol{v} \in R^{q\times1}$:决策向量,代表输出权重。

将不确定理论与 DEA 方法相结合,不确定 DEA 模型可以表示如下:

$$
\begin{cases}
\max \displaystyle\sum_{i=1}^{p} s_i^- + \sum_{j=1}^{q} s_j^+ \\
\text{s. t.} \\
\mathcal{M}\left\{ \displaystyle\sum_{k=1}^{n} \lambda_k \tilde{x}_{ki} \leqslant \tilde{x}_{0i} - s_i^- \right\} \geqslant \alpha \quad (i=1,2,\cdots,p) \\
\mathcal{M}\left\{ \displaystyle\sum_{k=1}^{n} \lambda_k \tilde{y}_{kj} \geqslant \tilde{y}_{0j} + s_j^+ \right\} \geqslant \alpha \quad (j=1,2,\cdots,q) \\
\displaystyle\sum_{k=1}^{n} \lambda_k = 1 \\
\lambda_k \geqslant 0 \quad (k=1,2,\cdots,n) \\
s_i^- \geqslant 0 \quad (i=1,2,\cdots,p) \\
s_j^+ \geqslant 0 \quad (j=1,2,\cdots,q)
\end{cases}
\tag{6.1}
$$

定义 6.1 DMU_0 是 α-有效的当且仅当对所有的 i,j 满足 $s_i^- = 0, s_j^+ = 0(i = 1,2,\cdots,p;j=1,2,\cdots,q)$，其中 s_i^- 和 s_j^+ 是模型(6.1)的最优解。

定理 6.1 模型(6.1)的目标函数是 α 的递减函数。

定理 6.2 假设 $\tilde{x}_{1i},\tilde{x}_{2i},\cdots,\tilde{x}_{ni}$ 是相互独立的不确定变量，相应的不确定分布函数是 $\Phi_{1i},\Phi_{2i},\cdots,\Phi_{ni}(i=1,2,\cdots,p)$；且 $\tilde{y}_{1j},\tilde{y}_{2j},\cdots,\tilde{y}_{nj}$ 是相互独立的不确定变量，相应的不确定分布函数是 $\Psi_{1j},\Psi_{2j},\cdots,\Psi_{nj}(j=1,2,\cdots,q)$。于是，可以得到

$$\begin{cases} \mathcal{M}\left\{\sum_{k=1}^{n}\lambda_k\tilde{x}_{ki} \leqslant \tilde{x}_{0i} - s_i^-\right\} \geqslant \alpha \quad (i=1,2,\cdots,p) \\ \mathcal{M}\left\{\sum_{k=1}^{n}\lambda_k\tilde{y}_{kj} \geqslant \tilde{y}_{0j} + s_j^+\right\} \geqslant \alpha \quad (j=1,2,\cdots,q) \end{cases} \quad (6.2)$$

并且等价于

$$\begin{cases} \sum_{k=1,k\neq0}^{n}\lambda_k\Phi_{ki}^{-1}(\alpha) + \lambda_0\Phi_{0i}^{-1}(1-\alpha) \leqslant \Phi_{0i}^{-1}(1-\alpha) - s_i^- \quad (i=1,2,\cdots,p) \\ \sum_{k=1,k\neq0}^{n}\lambda_k\Psi_{kj}^{-1}(1-\alpha) + \lambda_0\Psi_{0j}^{-1}(\alpha) \geqslant \Psi_{0j}^{-1}(\alpha) + s_j^+ \quad (j=1,2,\cdots,q) \end{cases} \quad (6.3)$$

由定理 6.2 可知，模型(6.1)可以转化为如下的等价模型：

$$\begin{cases} \max \sum_{i=1}^{p}s_i^- + \sum_{j=1}^{q}s_j^+ \\ \text{s. t.} \\ \sum_{k=1,k\neq0}^{n}\lambda_k\Phi_{ki}^{-1}(\alpha) + \lambda_0\Phi_{0i}^{-1}(1-\alpha) \leqslant \Phi_{0i}^{-1}(1-\alpha) - s_i^- \quad (i=1,2,\cdots,p) \\ \sum_{k=1,k\neq0}^{n}\lambda_k\Psi_{kj}^{-1}(1-\alpha) + \lambda_0\Psi_{0j}^{-1}(\alpha) \geqslant \Psi_{0j}^{-1}(\alpha) + s_j^+ \quad (j=1,2,\cdots,q) \\ \sum_{k=1}^{n}\lambda_k = 1 \\ \lambda_k \geqslant 0 \quad (k=1,2,\cdots,n) \\ s_i^- \geqslant 0 \quad (i=1,2,\cdots,p) \\ s_j^+ \geqslant 0 \quad (j=1,2,\cdots,q) \end{cases} \quad (6.4)$$

由于该模型为一个线性规划模型，因此可以采用许多经典求解线性规划模型的方法求解。

6.1.2 灵敏度分析

由于输入和输出难免会有误差，因此灵敏度分析同样是 DEA 中的重要内

容,本节将针对不确定 DEA 模型进行灵敏度分析。

定理 6.3　如果 DMU_0 是 α-有效的,那么最优解满足 $\lambda_0^*(\alpha) = 0$。

定理 6.4　如果 DMU_0 是 α-无效的,且其他 DMU 的值不变,DMU_0 的取值变为 $(\hat{x}_0, \hat{y}_0) = (\tilde{x}_0 - s^{-*}, \tilde{y}_0 + s^{+*})$,那么新的 DMU_0 是 α-有效的,其中 s^{-*} 和 s^{+*} 是模型(6.4)的最优解。

定理 6.4 给出了 DMU 无效时的稳定区域,但为求解模型还需要知道有效 DMU 的有效半径,因此可以通过以下模型进行求解:

$$
\begin{cases}
\min \sum_{i=1}^{p} t_i^- + \sum_{j=1}^{q} t_j^+ \\
\text{s. t.} \\
\mathcal{M}\left\{ \sum_{k=1, k \neq 0}^{n} \lambda_k \tilde{x}_{ki} \leqslant \tilde{x}_{0i} - t_i^- \right\} \geqslant \alpha \quad (i = 1, 2, \cdots, p) \\
\mathcal{M}\left\{ \sum_{k=1, k \neq 0}^{n} \lambda_k \tilde{y}_{kj} \geqslant \tilde{y}_{0j} + t_j^+ \right\} \geqslant \alpha \quad (j = 1, 2, \cdots, q) \\
\sum_{k=1}^{n} \lambda_k = 1 \\
\lambda_k \geqslant 0 \quad (k = 1, 2, \cdots, n) \\
t_i^+ \geqslant 0 \quad (i = 1, 2, \cdots, p) \\
t_j^- \geqslant 0 \quad (j = 1, 2, \cdots, q)
\end{cases}
\tag{6.5}
$$

定理 6.5　若 DMU_0 是 α-有效的,则 DMU_0 的取值变为 $(\hat{x}_0, \hat{y}_0) = (\tilde{x}_0 - t^{-*}, \tilde{y}_0 - t^{-*})$ 时仍是 α-有效的,其中 t^{-*} 和 t^{+*} 是模型(6.5)的最优解。

类似地,模型(6.5)也可等价为一个确定模型:

$$
\begin{cases}
\min \sum_{i=1}^{p} t_i^- + \sum_{j=1}^{q} t_j^+ \\
\text{s. t.} \\
\sum_{k=1, k \neq 0}^{n} \lambda_k \Phi_{ki}^{-1}(\alpha) \leqslant \Phi_{0i}^{-1}(1 - \alpha) - t_i^- \quad (i = 1, 2, \cdots, p) \\
\sum_{k=1, k \neq 0}^{n} \lambda_k \Psi_{kj}^{-1}(1 - \alpha) \geqslant \Psi_{0j}^{-1}(\alpha) + t_j^+ \quad (j = 1, 2, \cdots, q) \\
\sum_{k=1}^{n} \lambda_k = 1 \\
\lambda_k \geqslant 0 \quad (k = 1, 2, \cdots, n) \\
t_i^- \geqslant 0 \quad (i = 1, 2, \cdots, p) \\
t_j^+ \geqslant 0 \quad (j = 1, 2, \cdots, q)
\end{cases}
\tag{6.6}
$$

通过上述分析可知,DMU_0 输入和输出的稳定区域可由以下过程确定:

(1) 如果 DMU_0 通过求解模型(6.4)是 α-无效的,那么当调整后的输入和输出为 $(\hat{x}_0,\hat{y}_0)=(\tilde{x}_0-s^-,\tilde{y}_0+s^+)$ 时,DMU_0 仍保持 α-无效,其中,$s^-=\{(s_1^-,\cdots,s_p^-)\,|\,0\leq s_i^-\leq s_i^{-*}(i=1,2,\cdots,p)\}$;$s^+=\{(s_1^+,\cdots,s_q^+)\,|\,0\leq s_j^+\leq s_j^{+*}(i=1,2,\cdots,q)\}$。$s^{-*}$ 和 s^{+*} 是模型(6.4)的最优解。

(2) 如果 DMU_0 通过求解模型(6.4)是 α-有效的,可通过求解模型(6.6)计算有效半径。如果调整后的输入和输出为 $(\hat{x}_0,\hat{y}_0)=(\tilde{x}_0-t^-,\tilde{y}_0+t^+)$,$DMU_0$ 仍保持有效,其中,$t^-=\{(t_1^-,\cdots,t_p^-)\,|\,0\leq t_i^-\leq t_i^{-*}(i=1,2,\cdots,p)\}$;$t^+=\{(t_1^+,\cdots,t_q^+)\,|\,0\leq t_j^+\leq t_j^{+*}(i=1,2,\cdots,q)\}$。

t^{-*} 和 t^{+*} 是模型(6.6)的最优解。

6.1.3 完全排序

本节将进一步介绍四种不确定 DEA 中的排序方法,包括期望值排序、乐观值排序、机会值排序和 Hurwicz 准则排序。

6.1.3.1 期望值排序

由于不确定 DEA 中输入和输出的不确定性,导致直接对目标函数进行优化没有意义,因此决策者通常希望能够优化目标函数的期望值。为此,本节引入期望值模型,即要在满足一定期望约束的条件下,最大化加权输出和加权输入的比值的期望值。

期望值模型可以表示为

$$
\begin{cases}
\theta = \max\limits_{u,v} E\left[\dfrac{\boldsymbol{v}^{\mathrm{T}}\tilde{\boldsymbol{y}}_0}{\boldsymbol{u}^{\mathrm{T}}\tilde{\boldsymbol{x}}_0}\right] \\
\text{s. t.} \\
\mathcal{M}\{\boldsymbol{v}^{\mathrm{T}}\tilde{\boldsymbol{y}}_k\leq\boldsymbol{u}^{\mathrm{T}}\tilde{\boldsymbol{x}}_k\}\geq\alpha \quad (k=1,2,\cdots,n) \\
\boldsymbol{u}\geq 0 \\
\boldsymbol{v}\geq 0
\end{cases}
\tag{6.7}
$$

式中:$\alpha\in(0.5,1]$。

期望值排序准则:期望值越大,DMU 的排序越靠前。

6.1.3.2 乐观值排序

在某些情况下,决策者不要求约束条件完全成立,只希望在一定的置信水平下成立,这就体现了机会约束规划的思想。机会约束规划模型最早由 Charnes & Cooper[3] 于 1959 年提出。此后,众多学者发展了机会约束规划模型,包括文献[4,5]等。本节在不确定机会约束规划建模思想的基础上,利用乐观值进行建模,具体模型可以表示为

$$\begin{cases} \theta = \max\limits_{u,v} \bar{f} \\ \text{s.t.} \\ \mathcal{M}\left\{ \dfrac{\boldsymbol{v}^{\mathrm{T}}\widetilde{\boldsymbol{y}}_0}{\boldsymbol{u}^{\mathrm{T}}\widetilde{\boldsymbol{x}}_0} \geqslant \bar{f} \right\} \geqslant 1-\alpha \\ \mathcal{M}\{ \boldsymbol{v}^{\mathrm{T}}\widetilde{\boldsymbol{y}}_k \leqslant \boldsymbol{u}^{\mathrm{T}}\widetilde{\boldsymbol{x}}_k \} \geqslant \alpha \quad (k=1,2,\cdots,n) \\ \boldsymbol{u} \geqslant 0 \\ \boldsymbol{v} \geqslant 0 \end{cases} \quad (6.8)$$

式中:$\alpha \in (0.5,1]$。

乐观值排序准则:乐观值越大,DMU 的排序越靠前。

6.1.3.3　机会值排序

在不确定规划中,还有一类思想是在满足一定机会约束的前提下,最大化一个事件的机会,即机会规划,本节利用机会规划给出了不确定 DEA 中的一种排序方法,具体模型可以表示为

$$\begin{cases} \theta = \max\limits_{u,v} \mathcal{M}\left\{ \dfrac{\boldsymbol{v}^{\mathrm{T}}\widetilde{\boldsymbol{y}}_0}{\boldsymbol{u}^{\mathrm{T}}\widetilde{\boldsymbol{x}}_0} \geqslant 1 \right\} \\ \text{s.t.} \\ \mathcal{M}\{ \boldsymbol{v}^{\mathrm{T}}\widetilde{\boldsymbol{y}}_k \leqslant \boldsymbol{u}^{\mathrm{T}}\widetilde{\boldsymbol{x}}_k \} \geqslant \alpha \quad (k=1,2,\cdots,n) \\ \boldsymbol{u} \geqslant 0 \\ \boldsymbol{v} \geqslant 0 \end{cases} \quad (6.9)$$

式中:$\alpha \in (0.5,1]$。

机会值排序准则:机会值越大,DMU 的排序就越靠前。

6.1.3.4　Hurwicz 排序

Hurwicz 准则是由 Hurwicz[6,7] 于 1951 年提出的,它是极端悲观和极端乐观之间的一种平衡,其特点是对客观状态的估计既不完全乐观,也不完全悲观,而是采用一个乐观系数 λ $(0 \leqslant \lambda \leqslant 1)$ 来反映决策者对状态估计的乐观程度。

本章 6.1.1 节已经给出了不确定 DEA 模型,这个模型考虑到有效边界的所有距离和,称为乐观值方法,具体模型如下:

$$\begin{cases} \theta_1 = \max \sum\limits_{i=1}^{p} s_i^- + \sum\limits_{j=1}^{q} s_j^+ \\ \text{s.t.} \\ \mathcal{M}\left\{ \sum\limits_{k=1}^{n} \lambda_k \widetilde{x}_{ki} \leqslant \widetilde{x}_{0i} - s_i^- \right\} \geqslant \alpha \quad (i=1,2,\cdots,p) \\ \mathcal{M}\left\{ \sum\limits_{k=1}^{n} \lambda_k \widetilde{y}_{kj} \geqslant \widetilde{y}_{0j} + s_j^+ \right\} \geqslant \alpha \quad (j=1,2,\cdots,q) \\ \sum\limits_{k=1}^{n} \lambda_k = 1 \end{cases} \quad (6.10)$$

119

$$\begin{cases} \lambda_k \geq 0 & (k = 1, 2, \cdots, n) \\ s_i^- \geq 0 & (i = 1, 2, \cdots, p) \\ s_j^+ \geq 0 & (j = 1, 2, \cdots, q) \end{cases}$$

同时,我们也可以给出一种考虑到无效边界的所有距离和,称为悲观值方法,具体模型如下:

$$\begin{cases} \theta_2 = \max \sum_{i=1}^p s_i^- + \sum_{j=1}^q s_j^+ \\ \text{s. t.} \\ \mathcal{M} \left\{ \sum_{k=1}^n \lambda_k \tilde{x}_{ki} \geq \tilde{x}_{0i} + s_i^- \right\} \geq \alpha \quad (i = 1, 2, \cdots, p) \\ \mathcal{M} \left\{ \sum_{k=1}^n \lambda_k \tilde{y}_{kj} \leq \tilde{y}_{0j} - s_j^+ \right\} \geq \alpha \quad (j = 1, 2, \cdots, q) \\ \sum_{k=1}^n \lambda_k = 1 \\ \lambda_k \geq 0 \quad (k = 1, 2, \cdots, n) \\ s_i^- \geq 0 \quad (i = 1, 2, \cdots, p) \\ s_j^+ \geq 0 \quad (j = 1, 2, \cdots, q) \end{cases} \tag{6.11}$$

模型(6.10)和模型(6.11)是两种极端的状态,前者太乐观,后者太悲观。假设 θ_1^* 和 θ_2^* 分别是模型(6.10)和模型(6.11)的最优解,通过对 θ_1^* 设置一个权重 λ,对 $-\theta_2^*$ 设置一个权重 $1-\lambda(0 \leq \lambda \leq 1)$,可以得到 Hurwicz 值为

$$\theta^* = \lambda \theta_1^* + (1 - \lambda)(-\theta_2^*) \tag{6.12}$$

等价为

$$\theta^* = \lambda \theta_1^* - (1 - \lambda) \theta_2^* \tag{6.13}$$

Hurwicz 准则排序:Hurwicz 值 θ^* 越小,DMU 的排序就越靠前。

6.2 备件品种优化方法

从 1950 年开始,国外在理论研究和工程实践中率先注意到了备件的一个重要特性:备件库存需要达到一个平衡点,因为备件过多易造成大量的经济损失,过少会影响装备的战斗力。为了较好地避免制定备件需求清单的主观性和盲目性,大量研究都围绕如何有效确定备件需求品种进行探讨。在相关的研究过程中涌现出了很多方法,主要可以归为五类:ABC 分类法[8],基于可靠性的方法[9,10],仿真算法[11,12],智能方法[13,14,15]以及其他方法[16-19]。

当遇到武器装备系统结构复杂、系统性强、试验成本高导致数据缺乏等情况时,传统的基于概率论的备件品种决策方法将不再适用。因此,很多学者尝试用其他处理不确定性的方法来研究此问题。本节将概率论、不确定理论、不

确定随机理论与 DEA 方法相结合,来研究不确定环境下的备件品种优化方法,希望可以有效解决目前库存备件管理重点不突出的问题。

6.2.1　不确定备件品种优化模型

当拥有充足的统计数据时,可利用概率论相关知识刻画出备件性能影响参数(例如任务时间、维修时间)的经验分布函数,将参数视作随机变量处理。然而,在实际应用过程中,通常面临的问题是只有小样本数据或者没有观测数据,并且也无法通过收集现场数据、工程试验以及物理模型等获得分布函数,因此会产生认知不确定性。由此可以建立不确定备件品种优化模型[20]。具体符号介绍如下。

1. 不确定变量

$\widetilde{T}_k$:DMU_k 的再次出动准备时间;

$\widetilde{F}_k$:DMU_k 的故障间隔时间;

$\widetilde{W}_k$:DMU_k 的任务时间;

$\widetilde{M}_k$:DMU_k 的维修时间;

$\widetilde{D}_k$:DMU_k 的备件保障延误时间。

2. 常数

S_k:DMU_k 的供应商个数;

E_k:DMU_k 的使用环境;

G_k:DMU_k 的故障后果等级;

A_k:DMU_k 的可更换性;

C_k:DMU_k 是否为标准件;

N_k:DMU_k 的单机安装数;

Z_k:DMU_k 的装备个数;

L_k:DMU_k 的采购提前期;

P_k:DMU_k 的费用。

在上述指标中,按照输入越小越好、输出越大越好的原则,将那些指标度量值越小越需要重点关注的指标归为输入指标,将那些指标度量值越大越需要重点关注的指标归为输出指标。最终确定的输入向量和输出向量分别为

$$X_k = \left\{ \widetilde{T}_k, \widetilde{F}_k, S_k, E_k, G_k, A_k, P_k \right\} \quad (k=1,2,\cdots,n);$$

$$Y_k = \left\{ \widetilde{W}_k, N_k, Z_k, \widetilde{M}_k, L_k, \widetilde{D}_k, C_k \right\} \quad (k=1,2,\cdots,n)。$$

目标决策单元 DMU_0 的输入向量和输出向量分别为

$X_0 = \left\{ \widetilde{T}_0, \widetilde{F}_0, S_0, E_0, G_0, A_0, P_0 \right\}$:$\mathrm{DMU}_0$ 的不确定输入向量;

$Y_0 = \left\{ \widetilde{W}_0, N_0, Z_0, \widetilde{M}_0, L_0, \widetilde{D}_0, C_0 \right\}$:$\mathrm{DMU}_0$ 的不确定输出向量。

具体模型如下:

$$\begin{cases} \max\theta = \sum_{i=1}^{7} s_i^- + \sum_{j=1}^{7} s_j^+ \\ \text{s. t.} \\ \mathcal{M}\left\{ \sum_{k=1}^{n} \lambda_k \hat{T}_k \leqslant \hat{T}_0 - s_1^- \right\} \geqslant \alpha \\ \mathcal{M}\left\{ \sum_{k=1}^{n} \lambda_k \hat{F}_k \leqslant \hat{F}_0 - s_2^- \right\} \geqslant \alpha \\ \mathcal{M}\left\{ \sum_{k=1}^{n} \lambda_k \hat{W}_k \geqslant \hat{W}_0 + s_1^+ \right\} \geqslant \alpha \\ \mathcal{M}\left\{ \sum_{k=1}^{n} \lambda_k \hat{M}_k \geqslant \hat{M}_0 + s_4^+ \right\} \geqslant \alpha \\ \mathcal{M}\left\{ \sum_{k=1}^{n} \lambda_k \hat{D}_k \geqslant \hat{D}_0 + s_6^+ \right\} \geqslant \alpha \\ \sum_{k=1}^{n} \lambda_k S_k \leqslant S_0 - s_3^- \\ \sum_{k=1}^{n} \lambda_k E_k \leqslant E_0 - s_4^- \\ \sum_{k=1}^{n} \lambda_k G_k \leqslant G_0 - s_5^- \\ \sum_{k=1}^{n} \lambda_k A_k \leqslant A_0 - s_6^- \\ \sum_{k=1}^{n} \lambda_k P_k \leqslant P_0 - s_7^- \\ \sum_{k=1}^{n} \lambda_k N_k \geqslant N_0 + s_2^+ \\ \sum_{k=1}^{n} \lambda_k Z_k \geqslant Z_0 + s_3^+ \\ \sum_{k=1}^{n} \lambda_k L_k \geqslant L_0 + s_5^+ \\ \sum_{k=1}^{n} \lambda_k C_k \geqslant C_0 + s_7^+ \\ \sum_{k=1}^{n} \lambda_k = 1 \end{cases} \quad (6.14)$$

$$\begin{cases} \lambda_k \geqslant 0 & (k=1,2,\cdots,n) \\ s_i^- \geqslant 0 & (i=1,2,\cdots,7) \\ s_j^+ \geqslant 0 & (j=1,2,\cdots,7) \end{cases}$$

其中:s_i^- 和 s_j^+ 为输入和输出松弛变量;$\mathcal{M}$ 为不确定测度;α 为取值在 0 到 1 之间的置信水平。

排序准则:θ 值越接近于 0,备件越需要储备。

在不确定备件优化模型中,某单元目标函数值 θ 趋近于 0 存在以下三种情形:①该单元的输入指标对应的值相对较小;②该单元对应的输出指标的值相对较大;③前两者情况均存在。当 θ 越接近 0 时,说明该单元相对于其他各单元更具有潜力选为备件。因此,需要获取所有备件的目标值 θ 并进行排序,以此确定备件的重要性,最后根据企业的实际情况合理选择备件品种。

由于建立的不确定备件优化模型为不确定规划模型,利用传统方法难以求解。为此,本节根据不确定理论的相关知识,提出一条转化定理对模型进行等价转化。

不确定变量 $\hat{T}_k, \hat{F}_k, \hat{W}_k, \hat{M}_k, \hat{D}_k (k=1,2,\cdots,n)$ 的不确定分布函数及逆不确定分布函数均存在,可用符号表示如下:

Φ_{T_k}:$\hat{T}_k$ 的不确定分布函数; $\quad \Phi_{T_k}^{-1}$:$\hat{T}_k$ 的逆不确定分布函数。

Φ_{F_k}:$\hat{F}_k$ 的不确定分布函数; $\quad \Phi_{F_k}^{-1}$:$\hat{F}_k$ 的逆不确定分布函数。

Φ_{W_k}:$\hat{W}_k$ 的不确定分布函数; $\quad \Phi_{W_k}^{-1}$:$\hat{W}_k$ 的逆不确定分布函数。

Φ_{M_k}:$\hat{M}_k$ 的不确定分布函数; $\quad \Phi_{M_k}^{-1}$:$\hat{M}_k$ 的逆不确定分布函数。

Φ_{D_k}:$\hat{D}_k$ 的不确定分布函数; $\quad \Phi_{D_k}^{-1}$:$\hat{D}_k$ 的逆不确定分布函数。

定理 6.6 假定 $\hat{T}_1, \hat{T}_2, \cdots, \hat{T}_n$ 是定义在不确定空间 $(\Gamma, \mathcal{L}, \mathcal{M})$ 上的独立的不确定变量,$\hat{T}_0$ 为 $\hat{T}_1, \hat{T}_2, \cdots, \hat{T}_n$ 中的一个变量,即目标不确定变量。$\hat{T}_k$ 的分布函数为 Φ_{T_k},且存在逆分布函数 $\Phi_{T_k}^{-1} (k=1,2,\cdots,n)$。则

$$\mathcal{M}\left\{ \sum_{k=1}^n \lambda_k \hat{T}_k \leqslant \hat{T}_0 - s_1^- \right\} \geqslant \alpha \tag{6.15}$$

可化为

$$\sum_{k=1,k\neq 0}^n \lambda_k \Phi_{T_k}^{-1}(\alpha) + \lambda_0 \Phi_{T_0}^{-1}(1-\alpha) \leqslant \Phi_{T_0}^{-1}(1-\alpha) - s_1^- \tag{6.16}$$

同理,不确定备件优化模型中的其他约束也可进行转化得到对应的等价形式。最终模型可转换为如下的等价形式:

123

$$\begin{cases} \max\theta = \displaystyle\sum_{i=1}^{7} s_i^- + \sum_{j=1}^{7} s_j^+ \\[2mm] \text{s. t.} \\[2mm] \displaystyle\sum_{k=1,k\neq0}^{n} \lambda_k \Phi_{T_k}^{-1}(\alpha) + \lambda_0 \Phi_{T_0}^{-1}(1-\alpha) \leqslant \Phi_{T_0}^{-1}(1-\alpha) - s_1^- \\[2mm] \displaystyle\sum_{k=1,k\neq0}^{n} \lambda_k \Phi_{F_k}^{-1}(\alpha) + \lambda_0 \Phi_{F_0}^{-1}(1-\alpha) \leqslant \Phi_{F_0}^{-1}(1-\alpha) - s_2^- \\[2mm] \displaystyle\sum_{k=1,k\neq0}^{n} \lambda_k \Phi_{W_k}^{-1}(1-\alpha) + \lambda_0 \Phi_{W_0}^{-1}(\alpha) \leqslant \Phi_{W_0}^{-1}(\alpha) + s_1^+ \\[2mm] \displaystyle\sum_{k=1,k\neq0}^{n} \lambda_k \Phi_{M_k}^{-1}(1-\alpha) + \lambda_0 \Phi_{M_0}^{-1}(\alpha) \leqslant \Phi_{M_0}^{-1}(\alpha) + s_4^+ \\[2mm] \displaystyle\sum_{k=1,k\neq0}^{n} \lambda_k \Phi_{D_k}^{-1}(1-\alpha) + \lambda_0 \Phi_{D_0}^{-1}(\alpha) \leqslant \Phi_{D_0}^{-1}(\alpha) + s_6^+ \\[2mm] \displaystyle\sum_{k=1}^{n} \lambda_k S_k \leqslant S_0 - s_3^- \\[2mm] \displaystyle\sum_{k=1}^{n} \lambda_k E_k \leqslant E_0 - s_4^- \\[2mm] \displaystyle\sum_{k=1}^{n} \lambda_k G_k \leqslant G_0 - s_5^- \\[2mm] \displaystyle\sum_{k=1}^{n} \lambda_k A_k \leqslant A_0 - s_6^- \\[2mm] \displaystyle\sum_{k=1}^{n} \lambda_k P_k \leqslant P_0 - s_7^- \\[2mm] \displaystyle\sum_{k=1}^{n} \lambda_k N_k \geqslant N_0 + s_2^+ \\[2mm] \displaystyle\sum_{k=1}^{n} \lambda_k Z_k \geqslant Z_0 + s_3^+ \\[2mm] \displaystyle\sum_{k=1}^{n} \lambda_k L_k \geqslant L_0 + s_5^+ \\[2mm] \displaystyle\sum_{k=1}^{n} \lambda_k C_k \geqslant C_0 + s_7^+ \\[2mm] \displaystyle\sum_{k=1}^{n} \lambda_k = 1 \end{cases} \qquad (6.17)$$

$$\begin{cases} \lambda_k \geq 0 & (k=1,2,\cdots,n) \\ s_i^- \geq 0 & (i=1,2,\cdots,7) \\ s_j^+ \geq 0 & (j=1,2,\cdots,7) \end{cases}$$

6.2.2　考虑混合不确定性的备件品种优化模型

在复杂系统中,会面临部分备件性能影响参数存在大量样本,而部分参数只有小样本数据或者没有观测数据的问题。这就出现了概率分布函数和不确定分布函数同时存在的情形,此时概率论和不确定理论不能单独解释这样的系统。考虑到这类混合不确定性问题,本节基于机会理论构建了备件优化模型[20]:

$$\begin{cases} \max\theta = \sum_{i=1}^{7} s_i^- + \sum_{j=1}^{7} s_j^+ \\[2mm] \text{s. t.} \\[2mm] \mathrm{Ch}\left\{ \sum_{k=1}^{n} \lambda_k \breve{T}_k \leq \breve{T}_0 - s_1^- \right\} \geq \alpha \\[2mm] \mathrm{Ch}\left\{ \sum_{k=1}^{n} \lambda_k \breve{F}_k \leq \breve{F}_0 - s_2^- \right\} \geq \alpha \\[2mm] \mathrm{Ch}\left\{ \sum_{k=1}^{n} \lambda_k \breve{W}_k \geq \breve{W}_0 + s_1^+ \right\} \geq \alpha \\[2mm] \mathrm{Ch}\left\{ \sum_{k=1}^{n} \lambda_k \breve{M}_k \geq \breve{M}_0 + s_4^+ \right\} \geq \alpha \\[2mm] \mathrm{Ch}\left\{ \sum_{k=1}^{n} \lambda_k \breve{D}_k \geq \breve{D}_0 + s_6^+ \right\} \geq \alpha \\[2mm] \sum_{k=1}^{n} \lambda_k S_k \leq S_0 - s_3^- \\[2mm] \sum_{k=1}^{n} \lambda_k E_k \leq E_0 - s_4^- \\[2mm] \sum_{k=1}^{n} \lambda_k G_k \leq G_0 - s_5^- \\[2mm] \sum_{k=1}^{n} \lambda_k A_k \leq A_0 - s_6^- \\[2mm] \sum_{k=1}^{n} \lambda_k P_k \leq P_0 - s_7^- \\[2mm] \sum_{k=1}^{n} \lambda_k N_k \geq N_0 + s_2^+ \end{cases} \tag{6.18}$$

$$
\begin{cases}
\sum_{k=1}^{n} \lambda_k Z_k \geqslant Z_0 + s_3^+ \\
\sum_{k=1}^{n} \lambda_k L_k \geqslant L_0 + s_5^+ \\
\sum_{k=1}^{n} \lambda_k C_k \geqslant C_0 + s_7^+ \\
\sum_{k=1}^{n} \lambda_k = 1 \\
\lambda_k \geqslant 0 \quad (k = 1, 2, \cdots, n) \\
s_i^- \geqslant 0 \quad (i = 1, 2, \cdots, 7) \\
s_j^+ \geqslant 0 \quad (j = 1, 2, \cdots, 7)
\end{cases}
$$

式中:s_i^- 和 s_j^+ 为输入和输出松弛变量;Ch 为机会测度;α 为取值在 0 到 1 之间的置信水平。随着选定的 α 的不同,会存在即使目标决策单元 DMU$_0$ 满足有效性条件但仍为非无效的一定的风险水平。

排序准则:θ 值越接近于 0,备件越需要储备。

在不确定随机备件优化模型中,某单元目标函数值 θ 趋近于 0 存在以下三种情形:①该单元对应的输入指标的值相对较小;②该单元对应的输出指标的值相对较大;③前两者情况均存在。当 θ 越接近 0 时,说明该单元相对于其他单元更具有潜力选为备件。因此,需要获取所有备件的目标值 θ 并进行排序,以此确定备件的重要性,最后根据企业的实际情况合理选择备件品种。

现在考虑在一个系统中一些评价指标存在大量样本可以确定概率分布函数,而其余的评价指标则都不存在样本导致无法获知相关数据信息,此时可将不确定随机备件优化模型转化为一种特殊的表示形式。例如:再次出动准备时间和任务时间只有小样本数据,故障间隔时间、维修时间和保障时间存在大样本数据。此时,$\breve{T}_k$、$\breve{W}_k$ 为不确定变量,$\breve{F}_k$、$\breve{M}_k$、$\breve{D}_k$ 为随机变量($k = 1, 2, \cdots, n$)。可将不确定随机备件优化模型写为如下的具体形式:

$$
\begin{cases}
\max \theta = \sum_{i=1}^{7} s_i^- + \sum_{j=1}^{7} s_j^+ \\
\text{s. t.} \\
\mathcal{M}\left\{ \sum_{k=1}^{n} \lambda_k \breve{T}_k \leqslant \breve{T}_0 - s_1^- \right\} \geqslant \alpha \\
\Pr\left\{ \sum_{k=1}^{n} \lambda_k \breve{F}_k \leqslant \breve{F}_0 - s_2^- \right\} \geqslant \alpha \\
\mathcal{M}\left\{ \sum_{k=1}^{n} \lambda_k \breve{W}_k \geqslant \breve{W}_0 + s_1^+ \right\} \geqslant \alpha
\end{cases}
\tag{6.19}
$$

$$
\left\{
\begin{aligned}
& \Pr\left\{ \sum_{k=1}^{n} \lambda_k \breve{M}_k \geqslant \breve{M}_0 + s_4^+ \right\} \geqslant \alpha \\
& \Pr\left\{ \sum_{k=1}^{n} \lambda_k \breve{D}_k \geqslant \breve{D}_0 + s_6^+ \right\} \geqslant \alpha \\
& \sum_{k=1}^{n} \lambda_k S_k \leqslant S_0 - s_3^- \\
& \sum_{k=1}^{n} \lambda_k E_k \leqslant E_0 - s_4^- \\
& \sum_{k=1}^{n} \lambda_k G_k \leqslant G_0 - s_5^- \\
& \sum_{k=1}^{n} \lambda_k A_k \leqslant A_0 - s_6^- \\
& \sum_{k=1}^{n} \lambda_k P_k \leqslant P_0 - s_7^- \\
& \sum_{k=1}^{n} \lambda_k N_k \geqslant N_0 + s_2^+ \\
& \sum_{k=1}^{n} \lambda_k Z_k \geqslant Z_0 + s_3^+ \\
& \sum_{k=1}^{n} \lambda_k L_k \geqslant L_0 + s_5^+ \\
& \sum_{k=1}^{n} \lambda_k C_k \geqslant C_0 + s_7^+ \\
& \sum_{k=1}^{n} \lambda_k = 1 \\
& \lambda_k \geqslant 0 \quad (k = 1, 2, \cdots, n) \\
& s_i^- \geqslant 0 \quad (i = 1, 2, \cdots, 7) \\
& s_j^+ \geqslant 0 \quad (j = 1, 2, \cdots, 7)
\end{aligned}
\right.
$$

式中：s_i^- 和 s_j^+ 为输入和输出松弛变量；$\mathcal{M}$ 为不确定测度；$\Pr$ 为概率测度；α 为取值在 0 到 1 之间的置信水平。

　　确定等价模型：由于建立的不确定随机备件优化模型中包含了随机变量和不确定变量，该模型为不确定规划模型，因此利用传统方法难以求解。当参数具备某些特征时，不确定规划模型可以转化为等价的确定性模型，以下将利用随机变量和不确定变量的相关性质及定理对模型进行等价转化。假设各输入输出指标间相互独立，以模型(6.19)为例进行化简，假定不确定变量 $\breve{T}_k, \breve{W}_k$ 及随机变量 $\breve{F}_k, \breve{M}_k, \breve{D}_k$ 的分布函数均存在且可逆($k = 1, 2, \cdots, n$)，可用符号表示

127

如下。

$\Psi_{T_k}:\breve{T}_k$ 的不确定分布函数； $\Psi_{T_k}^{-1}:\breve{T}_k$ 的逆不确定分布函数。

$\Psi_{F_k}:\breve{F}_k$ 的概率分布函数； $\Psi_{F_k}^{-1}:\breve{F}_k$ 的逆概率分布函数。

$\Psi_{W_k}:\breve{W}_k$ 的不确定分布函数； $\Psi_{W_k}^{-1}:\breve{W}_k$ 的逆不确定分布函数。

$\Psi_{M_k}:\breve{M}_k$ 的概率分布函数； $\Psi_{M_k}^{-1}:\breve{M}_k$ 的逆概率分布函数。

$\Psi_{D_k}:\breve{D}_k$ 的概率分布函数； $\Psi_{D_k}^{-1}:\breve{D}_k$ 的逆概率分布函数。

最终,不确定随机备件优化模型中含有随机变量及不确定变量的约束都可根据其相关性质转化为等价的约束。当所有随机变量服从正态分布、不确定变量服从 Zigzag 分布时,即 $\breve{F}_k\sim N(F_k,\sigma_{F_k}^2)$,$\breve{M}_k\sim N(M_k,\sigma_{M_k}^2)$,$\breve{D}_k\sim N(D_k,\sigma_{D_k}^2)$,$\breve{T}_k\sim \mathcal{Z}(A_{T_k},B_{T_k},C_{T_k})$,$\breve{W}_k\sim \mathcal{Z}(A_{W_k},B_{W_k},C_{W_k})$,可将建立的不确定随机备件优化模型进一步转化为如下形式:

$$
\begin{cases}
\max \theta = \sum_{i=1}^{7} s_i^- + \sum_{j=1}^{7} s_j^+ \\
\text{s.t.} \\
\sum_{k=1,k\neq0}^{n} \lambda_k\left[(2-2\alpha)B_{T_k}+(2\alpha-1)C_{T_k}\right]+(\lambda_0-1)\left[(1-2\alpha)A_{T_k}+2\alpha B_{T_k}\right] \leqslant -s_1^- \\
\sum_{k=1,k\neq0}^{n} \{\lambda_k[F_k+\Phi^{-1}(\alpha)\sigma_{F_k}]\}+\lambda_0[F_0-\Phi^{-1}(\alpha)\sigma_{F_0}]=[F_0-\Phi^{-1}(\alpha)\sigma_{F_0}]-s_2^- \\
\sum_{k=1,k\neq0}^{n} \lambda_k\left[(1-2\alpha)A_{W_k}+2\alpha B_{W_k}\right]+(\lambda_0-1)\left[(2-2\alpha)B_{W_k}+(2\alpha-1)C_{W_k}\right] \geqslant s_1^+ \\
\sum_{k=1,k\neq0}^{n} \{\lambda_k[M_k-\Phi^{-1}(\alpha)\sigma_{M_k}]\}+\lambda_0[M_0+\Phi^{-1}(\alpha)\sigma_{M_0}]=[M_0+\Phi^{-1}(\alpha)\sigma_{M_0}]+s_4^+ \\
\sum_{k=1,k\neq0}^{n} \{\lambda_k[D_k-\Phi^{-1}(\alpha)\sigma_{D_k}]\}+\lambda_0[D_0+\Phi^{-1}(\alpha)\sigma_{D_0}]=[D_0+\Phi^{-1}(\alpha)\sigma_{D_0}]+s_6^+ \\
\sum_{k=1}^{n} \lambda_k S_k \leqslant S_0-s_3^- \\
\sum_{k=1}^{n} \lambda_k E_k \leqslant E_0-s_4^- \\
\sum_{k=1}^{n} \lambda_k G_k \leqslant G_0-s_5^- \\
\sum_{k=1}^{n} \lambda_k A_k \leqslant A_0-s_6^-
\end{cases}
$$

(6.20)

$$
\begin{cases}
\sum_{k=1}^{n} \lambda_k P_k \leqslant P_0 - s_7^- \\[2mm]
\sum_{k=1}^{n} \lambda_k N_k \geqslant N_0 + s_2^+ \\[2mm]
\sum_{k=1}^{n} \lambda_k Z_k \geqslant Z_0 + s_3^+ \\[2mm]
\sum_{k=1}^{n} \lambda_k L_k \geqslant L_0 + s_5^+ \\[2mm]
\sum_{k=1}^{n} \lambda_k C_k \geqslant C_0 + s_7^+ \\[2mm]
\sum_{k=1}^{n} \lambda_k = 1 \\[2mm]
\lambda_k \geqslant 0 \quad (k=1,2,\cdots,n) \\[2mm]
s_i^- \geqslant 0 \quad (i=1,2,\cdots,7) \\[2mm]
s_j^+ \geqslant 0 \quad (j=1,2,\cdots,7)
\end{cases}
$$

6.3　备件数量优化模型

以武器装备为例,备件库存保障系统作为供应保障单位,旨在为各站点武器装备提供备件更换与维修。当装备发生故障时,发生故障的部件将由仓库中的备件进行更换,因而备件库存水平在很大程度上影响备件供应保障系统的效能,进而影响装备系统的作战效能。与此同时,备件库存水平过高同样会增加保障资源费用的负担,造成备件购置、贮存维护等方面产生的人力、物力、财力等各种资源的浪费。因此,如何权衡备件供应保障费用与供应保障系统的保障效能两大目标成为关键问题,即确保达到要求的供应保障效能以达到应有的装备作战效能,同时将相关保障费用降到最低。

传统备件库存控制模型经历了从简单模型到复杂模型、从单阶段模型到多阶段模型、从单备件模型到多备件模型、从确定型模型到随机型模型的发展过程。根据模型解决问题的不同角度,可以把目前的研究分为以下三类:①备件需求预测模型[21,22];②以经济订购批量(Economic Order Quantity,EOQ)理论为基础的库存模型[23,24];③兼顾经济与军事效益的优化模型[25]。第一类模型侧重于预测备件的需求数量;第二类模型侧重于从费用角度建立备件供应保障的决策模型;第三类模型则着重体现优化思想,努力保持军事效益和经济效益之间的最佳平衡。

为了简化模型,以考虑不确定规划模型本身的效用,本节暂且考虑以基层级和基地级为备件供应保障站点的二级保障组织结构。该备件维修保障系统由 j 个基层级站点和一个基地级站点构成,向所服务的武器装备系统提供 i 项备件的供应与保障服务。当某装备系统中一个部件发生故障时,将该故障件送往基层级维修站点并判断是否可修。如果可以进行基层级修理,则安排进行基层级维修,并将修复的故障件运送至基层级保障站点的供应站。若供应仓库发生短缺,则利用这一修复件直接填补空缺,否则将此修复件贮存在该基层级站点的供应仓库中。而当基层级站点无法维修时,则将该故障件送到基地级站点进行维修,同时向基地级站点仓库发出备件补给申请。在经历一段备件补给延迟时间之后,基层级站点将接收来自基地级仓库的备件,而在基地级维修的故障件修复后将送往基地级仓库。基层级修理备件所需消耗的时间与故障件修理工作的复杂程度、现有工作人员地素质水平、修理设备以及零配件等影响因素有关。

整个备件供应保障系统采取 $(s-1,s)$ 的订货策略,也就是说,当一个故障件由于无法维修而报废时,则向外界订购一个新的备件,从而使库存量恢复到原有库存水平。由于可修件的复杂程度高、费用成本高,且可修部件在规定的时间周期内发生报废的可能性很低,因而这种订货策略的假设是合理的。

6.3.1 备件期望短缺数优化模型

在费用、供应可用度以及其他约束条件下,追求各备件保障站点各类备件总的备件期望短缺数的最小化,因此可结合文美林[2]提出的不确定 DEA 模型,建立备件期望短缺数优化模型[26]。下面将对该模型的构成进行具体描述:

1. 目标函数

如上所述,我们将备件期望短缺数的最小化作为目标函数。当备件需求量超过备件保障站点现有库存水平时,将造成备件短缺,当备件需求量未超过备件保障站点的现有水平时,产生的需求将会由库存现有备件满足,因而备件期望短缺数表示为两者的差值,即

$$\sum_{j=1}^{J} \sum_{i=1}^{I} \left[\left(E[\xi_{ij}] - x_{ij} \right) \vee 0 \right] \tag{6.21}$$

2. 费用约束

由前面的讨论可知,费用约束主要包括备件采购费用、贮存费用以及备件短缺造成的停机损失费用。其中,备件采购费用指购买备件而产生的诸如购买费用等相关费用,主要指的是备件单价,单个备件的采购价格可记作 c_{ij}^o,且 c_{ij}^o 不随采购数量的变化而变化。若周期 T 内的采购数量为 x_{ij},则采购费可表示为

$$C^O = \sum_{j=1}^{J} \sum_{i=1}^{I} c_{ij}^o x_{ij} \tag{6.22}$$

备件贮存费用指因贮存备件而产生的费用，若第 i 类备件在基地 j 的年均需求率为 λ_{ij}，则第 i 类备件在 t 时刻的库存量近似为

$$s_{ij} = x_{ij} - \lambda_{ij} t \tag{6.23}$$

由此，在 Δt 时间内的贮存费用为 $\Delta c_{ij}^H = s_{ij} c_{ij}^H \Delta t = (x_{ij} - \lambda_{ij} t) c_{ij}^H \Delta t$，并可以得到备件 i 在 $[0, T]$ 内的贮存费用：

$$C_{ij}^H = x_{ij} c_{ij}^H T - 0.5 \lambda_{ij} c_{ij}^H T^2 \tag{6.24}$$

故备件保障系统内所有 J 个保障站点的 I 类备件在 $[0, T]$ 内的贮存费用可表示为

$$C^H = \sum_{j=0}^{J} \sum_{i=1}^{I} (x_{ij} c_{ij}^H T - 0.5 \lambda_{ij} c_{ij}^H T^2) \tag{6.25}$$

根据前文可知，基层级站点 j 的第 i 项备件年均需求率可以表示为

$$\lambda_{ij} = E[\xi_{ij}] / T \quad (j = 1, 2, \cdots, J) \tag{6.26}$$

基地级站点的备件需求是由于基层级站点发生备件短缺时产生的，因此，可以得到基地级站点第 i 项备件的年均需求率为

$$\sum_{j=1}^{J} [(E[\xi_{ij}] - x_{ij}) \vee 0] \tag{6.27}$$

则贮存费用可以表示为

$$C^H = \sum_{j=0}^{J} \sum_{i=1}^{I} (x_{ij} c_{ij}^H T - 0.5 E[\xi_{ij}] c_{ij}^H T) +$$
$$\sum_{i=1}^{I} \left(x_{i0} c_{i0}^H T - 0.5 \left\{ \sum_{j=1}^{J} [(E[\xi_{ij}] - x_{ij}) \vee 0] \right\} c_{i0}^H T \right) \tag{6.28}$$

备件短缺费用是指当故障发生时，由于基层级站点无现成的备件而导致故障件无法及时更换所造成的装备系统停机引起的费用。由于备件短缺造成的损失来自于多个方面，其中最主要是由于装备停机无法完成规定任务所造成的损失，而这种损失不仅是经济上的，有时更会给人的生命安全带来不可估量的损失，尤其在战争中，停机造成的执行任务延误很可能造成无法挽回的灾难，因而我们采用随备件短缺的数量呈指数增长的形式来表示备件短缺费用，其表达式如下所示：

$$C^S = \sum_{j=1}^{J} \sum_{i=1}^{I} c_{ij}^{S\wedge}(E[\xi_{ij}] - x_{ij}) \tag{6.29}$$

3. 供应可用度约束

供应可用度是直接反映备件供应链中保障效能的参数指标，指的是未因任何备件短缺而停机的装备数量所占装备总数百分比的期望值。考虑站点 j 的第 i 类备件在装备系统中的供应问题，假设基地 j 为一个装备系统提供备件供应保

障服务,该系统的装备数量为 N_j,且每一个装备都安装有 Z_{ij} 个第 i 类备件,基于上述假设,单个装备系统中各类备件之间为串联关系,根据对供应可用度的定义,可以得到由站点 j 提供保障供应的供应可用度为

$$A_j = \prod_{i=1}^{I} \left[1 - (E[\xi_{ij}] - x_{ij}) / (N_{ij} Z_{ij}) \right]^{Z_{ij}} \tag{6.30}$$

式中:单机安装数 Z_{ij} 与基地装备数量 N_j 为已知量,可由站点数据给出;备件需求 $E[\xi_{ij}]$ 为不确定变量期望值;x_{ij} 为决策变量。

4. 基地备件短缺数

根据上文所述,在计算备件供应系统的保障效能指标时,并不考虑基地级站点发生的备件短缺,但是基地级站点的备件短缺对备件供应系统产生的影响十分显著,当基地级站点收到来自基层级站点的备件需求时,若基地级站点无法提供备件补给进而造成供应延误,该基层级站点的装备系统停机时间也将受到负面影响。因此,我们将在模型中加入基地备件短缺数这一约束条件,可以表示为

$$\sum_{i=1}^{I} \left\{ \sum_{j=1}^{J} \left[(E[\xi_{ij}] - x_{ij}) \vee 0 \right] - x_{i0} \right\} \leqslant \overline{B}_0 \tag{6.31}$$

5. 其他约束条件

由于特定环境的影响,备件供应保障系统还将受到其他外部环境条件的制约,例如仓库贮存空间引起的备件体积约束,以及特殊情况下需要对重量进行控制而造成的备件重量约束等。这些特殊情况可以通过将一个向量不等式引入到优化模型的约束条件中来解决,即

$$g_k(x) \leqslant 0 \quad (k = 1, 2, \cdots, p) \tag{6.32}$$

其中,各种类备件在各站点的库存水平都为正整数。

根据上述讨论,可以得到最小期望短缺数模型如下:

$$
\begin{cases}
\min \displaystyle\sum_{j=1}^{J} \sum_{i=1}^{I} \left[(E[\xi_{ij}] - x_{ij}) \vee 0 \right] \\
\text{s. t.} \\
\displaystyle\sum_{j=0}^{J} \sum_{i=1}^{I} (c_{ij}^{O} + c_{ij}^{H} T) x_{ij} + \sum_{j=1}^{J} \sum_{i=1}^{I} \left\{ c_{ij}^{S(E[\xi_{ij}] - x_{ij})} - 0.5T \left\{ c_{ij}^{H} E[\xi_{ij}] + \right.\right. \\
\left.\left. c_{i0}^{H} \left[(E[\xi_{ij}] - x_{ij}) \vee 0 \right] \right\} \right\} \leqslant \overline{C} \\
\displaystyle\prod_{j=1}^{J} \left\{ \prod_{i=1}^{I} \left[1 - (E[\xi_{ij}] - x_{ij}) / (N_{ij} Z_{ij}) \right]^{Z_{ij}} \right\} N_j \Big/ \left(\sum_{j=1}^{J} N_j \right) \geqslant \alpha \\
\displaystyle\sum_{j=1}^{J} \left\{ \sum_{i=1}^{I} \left[(E[\xi_{ij}] - x_{ij}) \vee 0 \right] - x_{i0} \right\} \leqslant \overline{B}_0 \\
x_{ij} \in N \quad (i = 1, 2, \cdots, I; j = 1, 2, \cdots, J) \\
g_k(x) \leqslant 0 \quad (k = 1, 2, \cdots, p)
\end{cases}
\tag{6.33}
$$

定义 6.2　当 x 满足：

$$
\begin{cases}
\sum\limits_{j=0}^{J}\sum\limits_{i=1}^{I}(c_{ij}^{O}+c_{ij}^{H}T)x_{ij}+\sum\limits_{j=0}^{J}\sum\limits_{i=1}^{I}\{c_{ij}^{S(E[\xi_{ij}]-x_{ij})}-0.5T\{c_{ij}^{H}E[\xi_{ij}]+\\
c_{i0}^{H}[(E[\xi_{ij}]-x_{ij})\vee 0]\}\}\leqslant \overline{C}\\
\prod\limits_{j=1}^{J}\{\prod\limits_{i=1}^{I}[1-(E[\xi_{ij}]-x_{ij})/(N_{ij}Z_{ij})]^{Z_{ij}}\}N_{j}/\Big(\sum\limits_{j=1}^{J}N_{j}\Big)\geqslant \alpha\\
\sum\limits_{j=1}^{J}\{\sum\limits_{i=1}^{I}[(E[\xi_{ij}]-x_{ij})\vee 0]-x_{i0}\}\leqslant \overline{B}_{0}\\
x_{ij}\in N\quad (i=1,2,\cdots,I;j=1,2,\cdots,J)\\
g_{k}(x)\leqslant 0\quad (k=1,2,\cdots,p)
\end{cases}
\tag{6.34}
$$

称向量 x 为不确定规划模型的一个可行解。

定义 6.3　对于任意可行解 x，当满足

$$
\sum_{j=1}^{J}\sum_{i=1}^{I}[(E[\xi_{ij}]-x_{ij}^{*})\vee 0]\leqslant \sum_{j=1}^{J}\sum_{i=1}^{I}[(E[\xi_{ij}]-x_{ij})\vee 0]
\tag{6.35}
$$

时，称可行解 x^{*} 为不确定规划模型的备件短缺数最优解。

等价模型：若不确定测度 $c_{1},c_{2},\cdots c_{Q}$ 为非负实数，且 $c_{1}+c_{2}+\cdots+c_{Q}=1$，则不确定变量期望值可以表示为

$$
E[\xi_{ij}]=\sum_{q=1}^{Q}c_{qij}
\tag{6.36}
$$

不确定变量期望值的运算法则以及不确定期望值模型由刘宝碇[3,4]提出，基于不确定期望值模型，我们可以得到下面等价的备件库存优化模型：

$$
\begin{cases}
\min\sum\limits_{j=1}^{J}\sum\limits_{i=1}^{I}\Big[\Big(\sum\limits_{q=1}^{Q}c_{qij}\xi_{qij}-x_{ij}\Big)\vee 0\Big]\\
\text{s. t.}\\
\sum\limits_{j=0}^{J}\sum\limits_{i=1}^{I}(c_{ij}^{O}+c_{ij}^{H}T)x_{ij}+\\
\quad\sum\limits_{j=0}^{J}\sum\limits_{i=1}^{I}\{c_{ij}^{S(\sum\limits_{q=1}^{Q}c_{qij}\xi_{qij}-x_{ij})}-0.5T\{c_{ij}^{H}\sum\limits_{q=1}^{Q}c_{qij}\xi_{qij}+c_{i0}^{H}[(\sum\limits_{q=1}^{Q}c_{qij}\xi_{qij}-x_{ij})\vee 0]\}\}\leqslant \overline{C}\\
\prod\limits_{j=1}^{J}\{\prod\limits_{i=1}^{I}[1-(\sum\limits_{q=1}^{Q}c_{qij}\xi_{qij}-x_{ij})/(N_{ij}Z_{ij})]^{Z_{ij}}\}N_{j}/\Big(\sum\limits_{j=1}^{J}N_{j}\Big)\geqslant \alpha\\
\sum\limits_{j=1}^{J}\{\sum\limits_{i=1}^{I}[(\sum\limits_{q=1}^{Q}c_{qij}\xi_{qij}-x_{ij})\vee 0]-x_{i0}\}\leqslant \overline{B}_{0}\\
x_{ij}\in N\quad (i=1,2,\cdots,I;j=1,2,\cdots,J)\\
g_{k}(x)\leqslant 0\quad (k=1,2,\cdots,p)
\end{cases}
$$

$$
\tag{6.37}
$$

6.3.2 最大化备件保障度模型

定义 6.4 确信备件保障度是需求备件时不缺备件的不确定测度,数学上表示为

$$B = \mathcal{M}\{\xi_{ij} - x_{ij} \leq 0\}$$

确信备件保障度也是评价备件供应系统保障效能的有效评估指标,因而可以利用该指标建立备件库存优化模型[26]。下面将对模型的构成进行具体描述。

1. 目标函数

在最大化备件保障度模型中,我们用不确定测度来表征装备系统因发生故障而产生的备件需求可以及时由供应站点满足的可能性。由于实际中人们更关注整个备件供应系统的保障效能,因此我们将目标函数定义为各基层级站点的确信备件保障度之和,其表达式如下所示:

$$G(x) = \max_x \sum_{j=1}^{J} \sum_{i=1}^{I} \mathcal{M}\{\xi_{ij} - x_{ij} \leq 0\} \tag{6.38}$$

2. 基层级站点确信备件保障度约束

由于基层级站点的维修保障效能会对备件供应造成直接影响,因此需要对基层级站点的确信备件保障度加以约束。对于基层级站点的备件保障测度,有

$$\sum_{i=1}^{I} \mathcal{M}\{\xi_{ij} - x_{ij} \leq 0\} \geq \bar{r}_j \quad (j = 1, 2, \cdots, J) \tag{6.39}$$

3. 基地级站点确信备件保障度约束

尽管在定义目标函数时考虑的是所有基层级站点的确信备件保障度,但基地级站点对备件供应造成的影响是无法忽略的,而对单个站点的备件保障度的约束也是有必要的,因此将单个站点的确信备件保障度作为约束引入模型。

由于基地级站点的备件需求是由于基地级站点的备件需求无法满足时向上一级提出备件申请而产生的,因而基地级备件保障度约束不等式可以表示为

$$\sum_{i=1}^{I} \mathcal{M}\{\sum_{j=1}^{J}[(\xi_{ij} - x_{ij}) \vee 0] \leq x_{i0}\} \geq \bar{r}_0 \tag{6.40}$$

4. 其他约束

从模型中可以看出,备件保障费用约束及供应可用度约束与备件期望短缺数模型中的费用及供应可用度约束是一致的,而其他特殊条件下的约束可以由最后的向量不等式表示。另外,各种类备件在各站点的库存水平都为正整数。

$$x_{ij} \in N \quad (i = 1, 2, \cdots, I; j = 1, 2, \cdots, J)$$
$$g_k(x) \leq 0 \quad (k = 1, 2, \cdots, p) \tag{6.41}$$

综上所述,我们可以得到备件保障度优化模型,如下所示:

$$
\begin{cases}
\max \displaystyle\sum_{j=1}^{J} \sum_{i=1}^{I} \mathcal{M}\{\xi_{ij} - x_{ij} \leqslant 0\} \\
\text{s. t.} \\
\displaystyle\sum_{j=0}^{J} \sum_{i=1}^{I} (c_{ij}^{O} + c_{ij}^{H}T) x_{ij} + \\
\qquad \displaystyle\sum_{j=0}^{J} \sum_{i=1}^{I} \left\{ c_{ij}^{S(E[\xi_{ij}] - x_{ij})} - 0.5T\{c_{ij}^{H}E[\xi_{ij}] + c_{i0}^{H}[(E[\xi_{ij}] - x_{ij}) \vee 0]\} \right\} \leqslant \overline{C} \\
\displaystyle\prod_{j=1}^{J} \left\{ \prod_{i=1}^{I} [1 - (E[\xi_{ij}] - x_{ij})/(N_{ij}Z_{ij})]^{Z_{ij}} \right\} N_j / \left(\sum_{j=1}^{J} N_j \right) \geqslant \alpha \\
\displaystyle\sum_{i=1}^{I} \mathcal{M}\{\xi_{ij} - x_{ij} \leqslant 0\} \geqslant \overline{r}_j \quad (j = 1, 2, \cdots, J) \\
\displaystyle\sum_{i=1}^{I} \mathcal{M}\left\{ \sum_{j=1}^{J} [(\xi_{ij} - x_{ij}) \vee 0] \leqslant x_{i0} \right\} \geqslant \overline{r}_0 \\
x_{ij} \in N \quad (i = 1, 2, \cdots, I; j = 1, 2, \cdots, J) \\
g_k(x) \leqslant 0 \quad (k = 1, 2, \cdots, p)
\end{cases}
$$

$$(6.42)$$

定义 6.5　称向量 x 为模型(6.42)的一个可行解,当 x 满足:

$$
\begin{cases}
\displaystyle\sum_{j=0}^{J} \sum_{i=1}^{I} (c_{ij}^{O} + c_{ij}^{H}T) x_{ij} + \sum_{j=0}^{J} \sum_{i=1}^{I} \left\{ c_{ij}^{S(E[\xi_{ij}] - x_{ij})} - 0.5T\{c_{ij}^{H}E[\xi_{ij}] + c_{i0}^{H}[(E[\xi_{ij}] - x_{ij}) \vee 0]\} \right\} \leqslant \overline{C} \\
\displaystyle\prod_{j=1}^{J} \left\{ \prod_{i=1}^{I} [1 - (E[\xi_{ij}] - x_{ij})/(N_{ij}Z_{ij})]^{Z_{ij}} \right\} N_j / \left(\sum_{j=1}^{J} N_j \right) \geqslant \alpha \\
\displaystyle\sum_{i=1}^{I} \mathcal{M}\{\xi_{ij} \leqslant x_{ij}\} \geqslant \overline{r}_j \quad (j = 1, 2, \cdots, J) \\
\displaystyle\sum_{i=1}^{I} \mathcal{M}\left\{ \sum_{j=1}^{J} [(\xi_{ij} - x_{ij}) \vee 0] \leqslant x_{i0} \right\} \geqslant \overline{r}_0 \\
x_{ij} \in N \quad (i = 1, 2, \cdots, I; j = 1, 2, \cdots, J) \\
g_k(x) \leqslant 0 \quad (k = 1, 2, \cdots, p)
\end{cases}
$$

定义 6.6　对于任意可行解 x,当满足

$$
\sum_{j=1}^{J} \sum_{i=1}^{I} \mathcal{M}\{\xi_{ij} - x_{ij}^{*} \leqslant 0\} \geqslant \sum_{j=1}^{J} \sum_{i=1}^{I} \mathcal{M}\{\xi_{ij} - x_{ij} \leqslant 0\}
$$

时,称可行解 x^{*} 为模型(6.42)的最优解。

不确定机会模型无法直接求解,根据前面介绍的内容,显然可以将以上模

型转化为如下等价模型：

$$
\begin{cases}
\min\limits_{x} \sum\limits_{j=1}^{J} \sum\limits_{i=1}^{I} (1 - \varPhi(x_{ij})) \\
\text{s. t.} \\
\sum\limits_{j=0}^{J} \sum\limits_{i=1}^{I} (c_{ij}^{O} + c_{ij}^{H}T) x_{ij} + \sum\limits_{j=0}^{J} \sum\limits_{i=1}^{I} \{ c_{ij}^{S(E[\xi_{ij}] - x_{ij})} - 0.5T \{ c_{ij}^{H} E[\xi_{ij}] + \\
c_{i0}^{H} [(E[\xi_{ij}] - x_{ij}) \vee 0] \} \} \leqslant \overline{C} \\
\prod\limits_{j=1}^{J} \{ \prod\limits_{i=1}^{I} [1 - (E[\xi_{ij}] - x_{ij})/(N_{ij}Z_{ij})]^{Z_{ij}} \} N_{j}/\left(\sum\limits_{j=1}^{J} N_{j}\right) \geqslant \alpha \qquad (6.43) \\
\sum\limits_{i=1}^{I} (1 - \varPhi(x_{ij})) \geqslant \overline{r}_{j} \quad (j = 1, 2, \cdots, J) \\
\sum\limits_{i=1}^{I} \left[1 - \varPhi\left(\sum\limits_{j=1}^{J} [(\xi_{ij} - x_{ij}) \vee 0] \right) \right] \geqslant \overline{r}_{0} \\
x_{ij} \in N \quad (i = 1, 2, \cdots, I; j = 1, 2, \cdots, J) \\
g_{k}(x) \leqslant 0 \quad (k = 1, 2, \cdots, p)
\end{cases}
$$

本节提出了两类库存优化模型，即备件期望短缺数优化模型与备件保障度优化模型，前者以备件短缺数的不确定期望值为目标函数，以费用、供应可用度为约束，后者以备件保障度作为目标函数，以费用、各站点备件保障度约束等为约束，综合权衡备件供应保障费用与供应保障系统的保障效能两大目标，实现了备件资源的合理配置。

参考文献

[1] CHARNES A, COOPER W W, RHODES E. Measuring the efficiency of decision making units [J]. European Journal of Operational Research, 1978, 2:429-444.

[2] WEN M L. Uncertain Data Envelopment Analysis[M], Berlin: Springer-Verlag, 2014.

[3] CHARNES A, COOPER W W. Chance-constrained programming[J]. Management Science, 1959, 6(1):73-79.

[4] LIU B D. Uncertain Programming[M]. New York: Wiley, 1999.

[5] LIU B D. Theory and Practice of Uncertain Programming [M]. Heidelberg: Physica-Verlag, 2002.

[6] HURWICZ L. Optimality Criteria for Decision Making under Ignorance [J]. Cowles Commission Discussion Paper, 1951:370.

[7] HURWICZ L. Some specification problems and application to econometric models (abstract) [J]. Econometrica, 1951, 19:343-344.

[8] 刘宏玉. 试论备品备件 ABC 管理[J]. 辽宁科技学院学报, 2011, 13(3):43-44.

[9]　MOLENAERS A,BAETS H,PINTELON L,et al. Criticality classification of spare parts:A case study[J].International Journal of Production Economics,2012,140(2):570-578.

[10]　BRAGLIA M,GRASSI A,MONTANARI R,Multi-attribute classification method for spare parts inventory management[J],Journal of Quality in Maintenance Engineering,2004,10(1):55-65.

[11]　段宝君,李丹.故障型备件供应分析的面向对象仿真模型研究[J].航空计算技术,2003,33(1):33-37.

[12]　李瑾,宋建设,等.备件消耗预测仿真方法研究[J].计算机仿真,2006,12:306-309.

[13]　周林,娄寿春,赵杰,等.基于遗传算法的地空导弹装备备件优化模型[J].系统工程与电子技术,2001,23(2):31-33.

[14]　PARTOVI F Y,ANANDARAJAN M.Classifying inventory using an artificial neural network approach[J].Computers and Industrial Engineering,2002,41:389-404.

[15]　黄勇,邢国平,孙德翔,等.基于 BP 神经网络的装备备件重要度评估[J].飞机设计,2011,31(2):64-66.

[16]　孙立军,花兴来,张衡,等.用价值工程理论确定雷达备件品种[J].空军雷达学院学报,2004,18(4):71-73.

[17]　黄建新,杨建军,张志峰,等.基于不完备信息的粗糙集确定备件品种[J].装备指挥技术学院学报,2005,16(3):44-46.

[18]　金国栋,卢利斌,叶庆.无人机携行备件品种确定方法[J].火力与指挥控制,2008,33(10):144-148.

[19]　张帅,唐金国,俞金松,等.基于属性的舰载机航材备件品种确定方法[J].火力与指挥控制,2015,40(7):87-91.

[20]　郭苗苗.基于 DEA 的不确定环境下备件品种优化方法研究[D].北京:北京航空航天大学,2016.

[21]　LEVENT K Y,SEN A.Spare Parts Inventory Management with demand Lead Times and Rationing[J].Ankara Turkey:Bilkent University,2004.

[22]　SYNTETOS A A,BOYLAN J E,DISNEY S M.Forecasting for inventory planning:a 50-year review[J].Journal of the Operational Research Society,2009.60(S1):149-160.

[23]　PAN C H,HSIAO Y C.Integrated inventory models with controllable lead time and backorder discount considerations[J].International Journal of Production Economics,2005,93-94(none):387-397.

[24]　KULKARNI V G,YAN K.EOQ Analysis Under Stochastic Production and Demand Rates[R].Chapel Hill,USA:University of North Carolina,2005.

[25]　C SHERBROOKE C.METRIC:A multi-echelon technique for recoverable item control[J].Operations Research,1968,16(2):122-141.

[26]　WEN M L,HAN Q,YANG Y,KANG R.Uncertain Optimization Model for Multi-echelon Spare Parts Supply System[J].Applied Soft Computing,2017,56:646-654.

137

确信可靠性理论在加速退化试验中的应用

7.1 引　言

随着经济和科技的发展,现代产品的可靠性水平不断提高,其使用寿命和贮存寿命都大大延长,要采用传统的基于寿命数据的可靠性试验对这些产品进行可靠性评估,通常会需要较长的试验时间。为缩短试验周期,减少试验费用,人们迫切需要在较短时间内获得产品的可靠性信息,因此加速退化试验(Accelerated Degradation Testing, ADT)应运而生。ADT 能够在保持退化机理不变的情况下,采用严酷于正常工作的应力,获取产品性能的退化数据(而非寿命数据),并基于这些性能的退化数据,通过试验样品维度、时间维度以及应力维度的推断和外推实现产品的可靠性评估。

然而,在上述三个维度中,皆存在因数据较少带来的认知不全面问题,进而导致认知不确定性,分别为:

(1)试验样品维度,大多数 ADT 中的试验样品数较少,尤其是复杂产品,在大多数情况下投入试验的样品可能只有 1、2 个,这会导致由于小样本带来的对总体的认知不充分问题,进而导致认知不确定性;

(2)时间维度,有些产品的性能受测试方式和测试条件的限制,因此在有限的试验时间内搜集到的性能的退化数据较少,这会导致对退化过程认知不充分,进而导致认知不确定性;

(3)应力维度,在 ADT 中,一是施加的应力水平数有限,导致对产品性能随应力变化的行为认知不充分,二是施加的应力类型有限,导致应力外推后对性能在正常使用条件下变化行为认知不充分,进而导致认知不确定性。

在目前的加速退化建模领域,对认知不确定性的处理方式都是在精确概率加速退化模型(即以经典概率论为基础建立的加速退化模型)的基础上,采用本书 1.4 节中列出的各种非概率的数学理论对其模型参数进行不确定性量化处理。然而这些非精确概率方法不仅存在本书 1.4.5 节所指出的区间扩张问题，而且它们无法细致划分 ADT 中的各类不确定性来源，只是笼统地对模型参数进行了不确定性量化处理。进一步地，这些非精确概率方法对模型参数的不确定性量化处理受人为主观影响较大，不同的研究者可能给出完全不同的模型参数不确定性量化处理结果，从而导致根据客观的 ADT 数据却得到了差异较大的主观评估结果。

　　如本书的第 3 章所述，确信可靠性理论是以概率论、不确定理论和机会理论三大数学理论为数理基础的一套新的可靠性理论。因此，本章尝试将不确定理论应用到加速退化建模领域来度量 ADT 中存在的认知不确定性，并在确信可靠性度量框架下，建立相应的不确定加速退化模型，推导出其确信可靠度函数，并给出基于客观观测数据的不确定统计分析方法。

7.2　不确定过程

　　在不确定理论中，为描述不确定变量随时间存在趋势性变化的动态现象，刘宝碇教授提出了不确定过程[1]，不确定过程是一个随时间变化的不确定变量序列。通常我们认为产品性能是一个随时间变化的变量，而当 ADT 中存在时间维度性能检测次数不足导致的认知不确定性时，这个变量应该是一个不确定变量而非随机变量，因此本节将采用不确定过程对包含时间维度性能检测次数不足导致的认知不确定性的性能退化过程进行建模。

　　考虑到在本书的第 2 章中已对不确定理论做了较为详细的介绍，这里仅简单介绍不确定过程中的基本概念及定理。

　　定义 7.1[1]　设 $(\Gamma, \mathcal{L}, \mathcal{M})$ 为不确定空间，而 T 为一个完全有序集（如时间）。则不确定过程是从 $T \times (\Gamma, \mathcal{L}, \mathcal{M})$ 到实数集 $\mathbf{R}$ 的一个函数 $X(t, \gamma)$，其中 $X(t, \gamma)$ 是在每一时刻 t，任意实数的 Borel 集合 B 上的一个事件。

　　定义 7.2[1]　设 $X(t)$ 是一个不确定过程，则对每一个 $\gamma \in \Gamma$，函数 $X(t, \gamma)$ 被称之为 $X(t)$ 的一个样本轨道。

　　定义 7.3[2]　当且仅当在每一时刻 t，不确定变量 $X(t)$ 都有一个不确定分布 $\Phi_t(x)$ 时，$\Phi_t(x)$ 才能被称之为不确定过程 $X(t)$ 的不确定分布。

　　定理 7.1（充分必要条件）[2]　当且仅当 $\Phi_t^{-1}(\alpha) : T \times (0,1) \to \mathbf{R}$ 满足如下条件时，才能将其称为是具有独立增量的不确定过程的逆不确定分布：

　　（1）在每一时刻 t，$\Phi_t^{-1}(\alpha)$ 都是一个连续且严格递增的函数；

　　（2）对任意的 $0 < t_2 < t_1$，$\Phi_{t_1}^{-1}(\alpha) - \Phi_{t_2}^{-1}(\alpha)$ 是一个有关 α 的单调递增函数。

　　刘宝碇[3]提出了一类具有独立稳态增量的不确定过程，称之为刘过程（Liu

Process),其增量服从正态不确定分布,刘过程的定义如下:

定义 7.4 若不确定过程 $C(t)$ 满足如下条件,则 $C(t)$ 就被称之为刘过程:

(1) $C(0)=0$,且 $C(t)$ 的几乎所有样本轨道都是 Lipschitz 连续的;

(2) $C(t)$ 具有独立稳态增量;

(3) 任意增量 $C(t+\Delta t)-C(t)$ 皆为期望为 0、方差为 Δt^2 的正态不确定变量。

则刘过程服从期望为 0、方差为 t^2 的正态不确定分布,即

$$\Phi_t(x)=\left(1+\exp\left(-\frac{x\pi}{\sqrt{3}\,t}\right)\right)^{-1} \tag{7.1}$$

其逆分布为

$$\Phi_t^{-1}(\alpha)=\frac{\sqrt{3}\,t}{\pi}\ln\left(\frac{\alpha}{1-\alpha}\right) \tag{7.2}$$

在刘过程的基础上,刘宝碇还提出了算术刘过程,其定义如下:

定义 7.5 对任意大于 0 的实数 e 和 σ,则不确定过程 $A(t)$:

$$A(t)=et+\sigma C(t) \tag{7.3}$$

就称之为算术刘过程(Arithmetic Liu Process),其中,$e>0$ 为漂移系数,表示 $A(t)$ 的确定性变化趋势;$\sigma>0$ 为扩散系数,表示 $A(t)$ 中的不确定性。

同目前加速退化建模领域中最常用的维纳过程相比,刘过程有如下优点:维纳过程中几乎所有的样本轨道都是连续但非 Lipschitz 连续的,这会导致在采用维纳过程描述性能退化过程时,可能会出现有限时间间隔内的性能退化增量是无限的情况,这显然是与实际不相符的;而在刘过程中,几乎所有的样本轨道都是 Lipschitz 连续的,故不存在这一问题[4]。一般来说,我们认为产品性能的退化过程由确定性的变化趋势和不确定性两部分组成,算术刘过程中即包含了这两部分,因此本章将基于算术刘过程对 ADT 中包含认知不确定性的性能退化过程进行建模。

7.3 基于不确定过程的加速退化建模

由于本章是不确定理论在加速退化建模领域的首次应用,因此我们首先选择一种最简单的情况进行研究,即仅考虑 ADT 在时间维度上性能检测次数不足导致的认知不确定性,而假设在试验样品维度和应力维度不存在不确定性[5]。在本章内容的基础之上,后续研究可以进一步开展综合考虑多维度、多来源的各类不确定性的研究,例如综合考虑时间维度的性能检测次数不足和试验样品维度的样品数量不足导致的认知不确定性,以及综合考虑时间维度的性能检测次数不足、试验样品维度样品数量不足和应力维度的应力类型以及应力水平不

足导致认知不确定性的各种加速退化建模方法的研究。

7.3.1　ADT 中的性能、性能裕量与性能退化量模型

根据本书第 1 章给出的退化方程,在属性给定的情况下,产品的性能是应力和时间的函数,这里记为 $Y(s,t)$,其中,s 代表应力,t 代表时间,而包含时间维度性能检测次数不足导致的认知不确定性的性能模型 $Y(s,t)$ 是一个不确定过程。但在实际使用中,产品性能会随时间发生退化,且其变化趋势可能是递增(如疲劳裂纹的扩展、机械产品磨损量的增加等)也可能是递减(如 LED 灯亮度降低、锂离子的电池容量降低等),即在数学上可能表现为 $Y(s,t)$ 随 t 呈现递增趋势或递减趋势,而算术刘过程(即公式(7.3))中表示变化趋势的参数 e 是始终大于 0 的实数,因此算术刘过程不能直接用于 $Y(s,t)$ 的建模。

根据本书第 1 章的裕量方程和第 3 章的情况 3.1,性能裕量代表性能 $Y(s,t)$ 与性能临界值 c_Y 之间的距离。当 c_Y 给定时,性能裕量也是应力和时间的函数,记为 $M(s,t)$。显然,包含时间维度性能检测次数不足导致的认知不确定性的 $Y(s,t)$,对应的 $M(s,t)$ 也是一个不确定过程。同样,性能退化的过程实际上是性能裕量降低的过程,因此 $M(s,t)$ 随 t 呈现递减趋势,而算术刘过程也不能直接用于对 $M(s,t)$ 的建模。

性能退化的过程是性能裕量降低的过程,实际上也是性能退化量增加的过程。也就是说,产品在投入使用之初,$t=0$ 时,性能没有发生退化,此时性能退化量为 0;但在使用过程中,随着时间的累积,性能逐渐退化,性能退化量则会慢慢累积增加。由于性能 $Y(s,t)$ 和性能裕量 $M(s,t)$ 都是应力和时间的函数,因此其对应的性能退化量显然也是应力与时间的函数,记为 $X(s,t)$。同时,由于包含时间维度性能检测次数不足导致的认知不确定性的 $Y(s,t)$ 和对应的 $M(s,t)$ 都是不确定过程,显然,其对应的 $X(s,t)$ 也应是一个不确定过程。在本小节中,我们首先采用算术刘过程对性能退化量 $X(s,t)$ 进行建模,进而构建相应的 $Y(s,t)$ 和 $M(s,t)$。

首先,采用公式(7.3)中的算术刘过程对性能退化量 $X(s,t)$ 进行建模[5]:

$$X(s,t)=e(s)t+\sigma C(t) \quad (e(s)>0,\sigma>0) \tag{7.4}$$

式中:漂移系数 $e(s)$ 代表性能退化量的增长速率;$e(s)t$ 代表性能退化量确定性的增长规律;而 $\sigma C(t)$ 代表性能检测次数不足导致的认知不确定性。

为了将非线性的性能退化量增长情况纳入考虑,我们用时间尺度转化函数 $\Lambda(t)=t^\beta(\beta>0)$ 代替式(7.4)中的 t,由此得到如下性能退化量模型:

$$X(s,t)=e(s)\Lambda(t)+\sigma C(\Lambda(t)) \quad (e(s)>0,\beta>0,\sigma>0) \tag{7.5}$$

式中:$C(\Lambda(t))$ 是不确定过程,服从期望为 0、方差为 $\Lambda(t)^2$ 的正态不确定分布

$C(\Lambda(t)) \sim \mathcal{N}(0, \Lambda(t))$。

而根据本章参考文献[6]中有关算术刘过程的定义 14.2 以及其表征不确定分布的式(14.7)和式(14.8),可得式(7.5)中的 $X(s,t)$ 服从期望为 $e(s)\Lambda(t)$、方差为 $\sigma^2\Lambda(t)^2$ 的正态不确定分布,其表达式为

$$\Phi_t(x) = \left(1+\exp\left(\frac{\pi(e(s)\Lambda(t)-x)}{\sqrt{3}\,\sigma\Lambda(t)}\right)\right)^{-1} \tag{7.6}$$

式中:$\Phi(\cdot)$ 泛指不确定分布。

式(7.5)中的 $e(s)$ 是应力 s 的函数,$e(s)$ 和 s 之间的数学关系,又被称之为寿命-应力模型(Life-stress relationship)[7],根据应力类型不同,寿命-应力模型也不同。但最常用的 3 类寿命-应力模型(阿伦尼斯模型、幂律模型和指数模型)可由如下公式统一表示[8,9]:

$$e(s_l) = \exp(\alpha_0 + \alpha_1 s_l) \tag{7.7}$$

式中:α_0 和 α_1 都是未知的模型参数;s_l 是第 l 个标准化应力水平,针对不同的加速应力类型,有不同的计算公式。

$$s_l = \begin{cases} (1/S_0-1/S_l)/(1/S_0-1/S_H) & \text{阿伦尼斯模型} \\ (\ln S_l - \ln S_0)/(\ln S_H - \ln S_0) & \text{幂律模型} \\ (S_l-S_0)/(S_H-S_0) & \text{指数模型} \end{cases} \tag{7.8}$$

式中:S_0、S_l 和 S_H 分别为正常应力水平、第 l 个加速应力水平、最高应力水平。当加速应力为温度时,一般选阿伦尼斯模型;当加速应力为非热应力时,可选幂律模型或指数模型。

性能初值受到设计和生产制造过程的影响。针对某一批次产品,性能初值是每个产品投入使用之初,即 $t=0$ 时刻的性能值。若忽略产品间个体差异性,则可将该批次产品的性能初值统一记为常数 Y_0。而 $Y(s,t)$ 与 Y_0 以及 $X(s,t)$ 之间的关系,可表示如下:

$$Y(s,t) = \begin{cases} Y_0 - X(s,t) & (Y(s,t)\text{随 }t\text{ 呈现递减趋势}) \\ Y_0 + X(s,t) & (Y(s,t)\text{随 }t\text{ 呈现递增趋势}) \end{cases} \tag{7.9}$$

基于式(7.5)、式(7.7)以及式(7.9),可得含有确定性变化规律和性能检测次数不足导致的认知不确定性的性能退化过程,其性能模型如下:

$$Y(s,t) = \begin{cases} Y_0 - [\exp(\alpha_0+\alpha_1 s_l)\cdot t^\beta + \sigma C(t^\beta)] & (Y(s,t)\text{随 }t\text{ 呈现递减趋势}) \\ Y_0 + [\exp(\alpha_0+\alpha_1 s_l)\cdot t^\beta + \sigma C(t^\beta)] & (Y(s,t)\text{随 }t\text{ 呈现递增趋势}) \end{cases} \tag{7.10}$$

设产品的性能退化量临界值为 c_X,则由公式(7.9)可得 c_Y 和 c_X 的关系如下:

$$c_Y = \begin{cases} Y_0 - c_X & (Y(s,t)\text{随 }t\text{ 呈现递减趋势}) \\ Y_0 + c_X & (Y(s,t)\text{随 }t\text{ 呈现递增趋势}) \end{cases} \tag{7.11}$$

根据本书第 3 章的情况 3.1,可得本节中的 $Y(s,t)$ 所对应的 $M(s,t)$,表示如下:

$$M(s,t)=\mid c_Y-Y(s,t)\mid=\begin{cases} Y(s,t)-c_Y & (Y(s,t)\text{随}t\text{呈现递减趋势}) \\ c_Y-Y(s,t) & (Y(s,t)\text{随}t\text{呈现递增趋势}) \end{cases}$$

$$(7.12)$$

结合式(7.10)、式(7.11)以及式(7.12),可得相应的性能裕量模型 $M(s,t)$ 为

$$M(s,t)=c_X-[\exp(\alpha_0+\alpha_1 s_l)\cdot t^\beta+\sigma C(t^\beta)] \tag{7.13}$$

由式(7.13)可见,无论产品性能 $Y(s,t)$ 随 t 呈现递增趋势还是递减趋势,性能裕量都可以表示为性能退化量临界值与性能退化量之间的距离。

由式(7.8)和式(7.13)组成的模型,即为所建立的不确定加速退化模型,简称为 UADM(Uncertain Accelerated Degradation Model)。

7.3.2　确信可靠度与确信可靠寿命函数

由 7.3.1 节分析可知,式(7.13)所表述的性能裕量 $M(s,t)$ 是不确定过程,而根据本书第 3 章的情况 3.1,产品的寿命定义为性能裕量 $M(s,t)$ 首次小于 0 的时刻,即首达时(First Hitting Time,FHT)[10]:

$$t_0=\inf\{t\geqslant 0\mid M(s,t)=0\} \tag{7.14}$$

而 FHT 的不确定分布 $Y(t)$ 的定义如下:

$$Y(t)=\mathcal{M}\{t_0\leqslant t\}=\mathcal{M}\{\inf M(s,t)\leqslant 0\}=\mathcal{M}\{\sup X(s,t)\geqslant c_X\} \tag{7.15}$$

式中:$\mathcal{M}$ 代表不确定测度。根据式(7.13)和式(7.15)可知,产品的寿命也可表示为性能退化量 $X(s,t)$ 首次大于性能退化量临界值 c_X 的时刻。

在加速退化建模中,一般设性能退化过程具有独立退化增量,而不确定理论中,关于独立增量不确定过程的充要条件如定理 7.1 所述,因此需证明式(7.5)和式(7.15)中的 $X(s,t)$ 是具有独立增量的不确定过程。

根据本书第 2 章的例 2.12,可得式(7.6)的逆函数为

$$\Phi_t^{-1}(\alpha)=e(s)\cdot\Lambda(t)+\frac{\sigma\Lambda(t)\sqrt{3}}{\pi}\ln\frac{\alpha}{1-\alpha} \tag{7.16}$$

易知,在每一时刻 t,式(7.16)都是一个关于 α 的连续且严格递增的函数。

对任意的 $0<t_2<t_1$,可得 $\Phi_{t_1}^{-1}(\alpha)-\Phi_{t_2}^{-1}(\alpha)$ 为

$$\Phi_{t_1}^{-1}(\alpha)-\Phi_{t_2}^{-1}(\alpha)=e(s)\cdot(\Lambda(t_1)-\Lambda(t_2))+\frac{\sigma\sqrt{3}}{\pi}(\Lambda(t_1)-\Lambda(t_2))\ln\frac{\alpha}{1-\alpha}$$

$$(7.17)$$

设 $F(\alpha)=\Phi_{t_1}^{-1}(\alpha)-\Phi_{t_2}^{-1}(\alpha)$,则 $F(\alpha)$(即式(7.17))关于 α 的一阶偏导数为

$$F'(\alpha) = \left[\, \Phi_{t_1}^{-1}(\alpha) - \Phi_{t_2}^{-1}(\alpha)\,\right]' = \frac{\sigma\sqrt{3}}{\pi}(\Lambda(t_1) - \Lambda(t_2))\frac{1}{\alpha(1-\alpha)} \quad (7.18)$$

由于 $\Lambda(t) = t^\beta$ 是关于时间 t 的单调递增函数,可得 $\Lambda(t_1) - \Lambda(t_2) > 0$,即 $F'(\alpha) > 0$,因此,可知对任意 $\alpha \in (0,1)$,$\Phi_{t_1}^{-1}(\alpha) - \Phi_{t_2}^{-1}(\alpha)$ 是有关 α 的单调递增函数。根据定理7.1和上述分析,可证明式(7.5)和式(7.15)中的 $X(s,t)$ 是一个具有独立增量的不确定过程。

根据不确定过程的极值定理[10],可得式(7.15)的解析表达式如下:

$$\begin{aligned}Y(t) &= 1 - \inf\left(1 + \exp\left(\frac{\pi(e(s)\cdot\Lambda(t) - c_X)}{\sqrt{3}\,\sigma\Lambda(t)}\right)\right)^{-1} \\ &= \left(1 + \exp\left(\frac{\pi(c_X - e(s)\cdot\Lambda(t))}{\sqrt{3}\,\sigma\Lambda(t)}\right)\right)^{-1}\end{aligned} \quad (7.19)$$

根据第3章的定义3.2、定义3.3以及情况3.1[11],可得确信可靠度函数 $R_B(t)$ 如下:

$$R_B(t) = 1 - \mathcal{M}\{t_0 \leqslant t\} = 1 - Y(t) = \left(1 + \exp\left(\frac{\pi(e(s)\cdot\Lambda(t) - c_X)}{\sqrt{3}\,\sigma\Lambda(t)}\right)\right)^{-1}$$

$$(7.20)$$

同时,根据定义3.4,可得到确信可靠寿命函数 $T(\alpha)$ 如下:

$$T(\alpha) = \sup\{t \mid R_B(t) \geqslant \alpha\} \quad (7.21)$$

7.3.3 不确定统计分析

根据加速应力加载方式的不同,ADT可以分为很多种,如常见的恒定应力加速退化试验(Constant Stress ADT, CSADT)和步进应力加速退化试验(Step Stress ADT, SSADT)。由于CSADT是其他应力施加方式下的ADT的统计分析基础,因此这里仅介绍在CSADT中基于客观观测数据的不确定统计分析方法。SSADT的统计分析方法可以由CSADT的统计分析方法结合累积损伤假设[12]推知。

设 y_{lij} 为第 l 个应力水平下第 i 个样品的第 j 个性能监测值,t_{lij} 为对应的监测时间($l = 1,2,\cdots,k; i = 1,2,\cdots,n_l; j = 1,2,\cdots,m_{li}$($k$ 代表应力水平数,n_l 代表第 l 个应力水平下的试验样品数,m_{li} 代表第 l 个应力水平下第 i 个样品的性能监测次数))。在式(7.8)和式(7.13)组成的UADM中,未知参数向量为 $\boldsymbol{\theta} = (\alpha_0, \alpha_1, \sigma, \beta)$。

在进行统计分析之前,首先要对性能监测值进行数据处理,以获得性能退化量数据。根据式(7.9),可分如下两种情况进行数据处理:

(1)若性能监测值呈现递减趋势,则采用下式进行数据处理:

$$x_{lij} = y_{li1} - y_{lij} \qquad (7.22)$$

式中：x_{lij}为第 l 个应力水平下第 i 个样品的第 j 个性能监测值 y_{lij} 对应的性能退化量数据；y_{li1} 为对应的性能监测初值。

（2）若性能监测值呈现递增趋势，则采用下式进行数据处理：

$$x_{lij} = y_{lij} - y_{li1} \qquad (7.23)$$

在概率论中，人们采用频率（Frequency）来描述事件发生的可能性。因此在基于概率论的加速退化模型中，人们一般将性能监测值与频率相联系，构建密度函数，进而采用极大似然估计的方法来进行参数估计。然而在不确定理论中，采用信度（Belief degree）而非频率来描述事件发生的可能性，而且不确定理论中也没有密度函数，只有分布函数。因此，为了对式（7.8）和式（7.13）组成的UADM 进行未知参数估计，首先要找出一种构建信度与客观观测性能监测数据（即性能退化量数据）之间关系的方法。

从风险分析的角度来说，设在同一应力的同一监测时刻，性能退化量数据越大其信度越大是合理的，根据这一思路，我们采用经典统计分析中常用的经验分布函数法来获取信度，经验分布函数法仅同观测数据的顺序有关，其计算公式为：

$$F(r,N) = r/N \quad (r=1,2,\cdots,N) \qquad (7.24)$$

式中：$F(r,N)$代表按升序排列的第 r 个数据的分布函数对应值；N 代表总数据数。

但当样本量比较小的时候，式（7.24）不再适用，因此研究者们提出了许多近似中位秩或近似平均秩公式来代替式（7.24）[13]。Benard 公式[14]就是其中应用最广泛的一种：

$$F(r,N) = (r-0.3)/(N+0.4) \quad (r=1,2,\cdots,N) \qquad (7.25)$$

在本小节中，即采用式（7.25）获取性能退化量数据对应的信度，其步骤如图 7.1 所示：

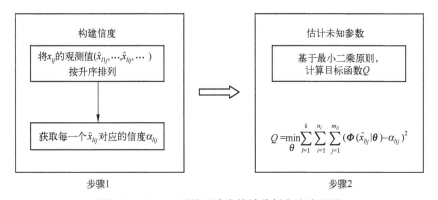

图 7.1　CSADT 下的不确定统计分析方法流程图

145

具体流程如下所述：

（1）由式（7.6）可知，第 l 个应力下第 j 个监测点的不确定变量 $\pmb{x}_{lj}$ 服从正态不确定分布，而 $\hat{x}_{l1j}, \hat{x}_{l2j}, \cdots, \hat{x}_{lij}, \cdots$ 皆为 $\pmb{x}_{lj}$ 的观测值，每一个 $\hat{x}_{lij}$ 都对应着一个信度 α_{lij}。将 $\hat{x}_{l1j}, \hat{x}_{l2j}, \cdots, \hat{x}_{lij}, \cdots$ 按升序排列，然后采用式（7.25）来获取每个性能退化量数据对应的信度。将其中的 r 用 i 代替，将 N 用 n_l 代替，则得到的就是信度 α_{lij}：

$$\alpha_{lij} = (i - 0.3)/(n_{lj} + 0.4) \quad (i = 1, 2, \cdots, n_{lj}) \tag{7.26}$$

（2）基于最小二乘原则，最小化基于客观观测数据采用公式（7.26）获取的信度与假设的正态不确定分布（即公式（7.6））之差的平方和：

$$\min Q = \sum_{l=1}^{k} \sum_{i=1}^{n_l} \sum_{j=1}^{m_{li}} \left(\Phi(\hat{x}_{lij} \mid \pmb{\theta}) - \alpha_{lij} \right)^2 \tag{7.27}$$

式中：Q 为目标函数。从而得到 UADM 中未知参数的估计结果。

7.3.4　案例分析

本节将对 7.3.1 节~7.3.3 节中建立 UADM 及其统计分析方法进行应用和相关的敏感性分析。所使用的案例包括某电连接器的应力松弛 CSADT[9,15]（以下简称应力松弛案例）和数值仿真 CSADT 案例（以下简称仿真案例）。

7.3.4.1　应力松弛案例

1. 试验设置

应力松弛案例的试验设置及性能退化数据，见表 7.1 及图 7.2。

表 7.1　应力松弛案例试验设置

试 验 信 息	内　　容
试验控制应力类型	温度/℃
试验控制应力水平/℃	65,85,100
工作应力水平/℃	40
样品数量	6,6,6
监测次数	12,11,11
性能退化量临界值/%	30

2. 参数估计及可靠性与寿命评估

由表 7.1 和图 7.2 可知试验控制的应力类型为温度，所以公式（7.8）中选择阿伦尼斯模型。

基于 7.3.3 节提出的统计分析方法，可得所建立 UADM 的参数估计结果，见表 7.2。

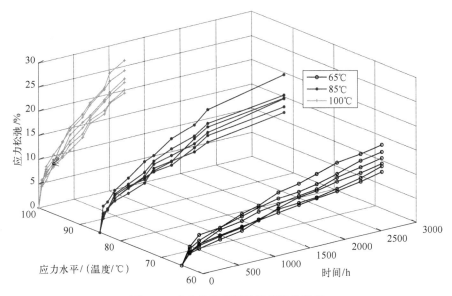

图 7.2 应力松弛案例的性能退化数据

表 7.2 模型参数估计结果(应力松弛案例)

未知参数	α_0	α_1	σ	β
估计结果	-2.0251	1.8626	0.1195	0.4496

将表 7.2 中的参数估计代入公式(7.20),可得到工作应力下的确信可靠度曲线,见图 7.3。

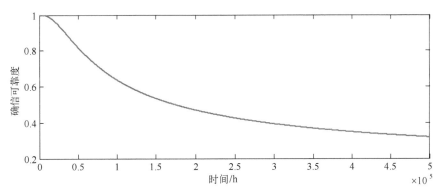

图 7.3 确信可靠度评估结果(应力松弛案例)

图 7.3 的含义可解释如下:若确信可靠度 $R_B = 0.9$,其对应的确信可靠寿命 $T(0.9) = 33633\text{h}$,这代表产品在工作使用条件下,能够正常工作超过 33633h 的信度为 0.9;若确信可靠度 $R_B = 0.5$,其对应的确信可靠寿命 $T(0.5) = 174646\text{h}$,

根据本章参考文献[6]中的最大不确定性原理,能否正常工作超过 174646h 这一情况具有最大的不确定性。

3. 敏感性分析

为探究 7.3.1 节~7.3.3 节提出的 UADM 及其统计分析方法在小样本情况下对样本量的敏感性,这里继续采用应力松弛案例进行分析。为比较,同时还采用了五种常用的基于概率论的加速退化模型,包含基于维纳过程的加速退化模型(缩写为 WADM)和基于贝叶斯理论和维纳过程的加速退化模型(缩写为 B-WADM)。在 B-WADM 中,为考察主观选择不同先验分布对可靠性评估结果产生的影响,我们选择了具有四种不同先验分布的贝叶斯-维纳过程模型(缩写为 B-WADM 1~4)。

WADM 中对产品性能退化量的建模表达公式如下[16]:

$$X(s,t) = e(s)t^{\beta} + \sigma B(t^{\beta}) \tag{7.28}$$

式中:$B(\Lambda(t))$ 是服从均值为 0、方差为 $\Lambda(t)$ 正态概率分布的随机过程,即 $B(\Lambda(t)) \sim N(0, \Lambda(t))$;$t^{\beta}$ 和 $e(s)$ 与公式(7.5)中含义相同。WADM 的性能裕量模型可以通过将公式(7.28)代入公式(7.10)和公式(7.12)中得到,其表达式如下:

$$M(s,t) = c_X - [\exp(\alpha_0 + \alpha_1 s_l) \cdot t^{\beta} + \sigma B(t^{\beta})] \tag{7.29}$$

而 B-WADM 1~4 则在 WADM 的基础上,采用先验分布而非精确值来表征模型参数。

上述六种模型的详细信息见表 7.3。

表 7.3 模型介绍(应力松弛案例)

模 型	参数估计方法	先验分布	
		期望	方差
UADM	不确定统计分析(最小二乘原则)	N/A	N/A
WADM	极大似然估计	N/A	N/A
B-WADM 1	贝叶斯估计[①]	μ_p[②]	σ_p^2[③]
B-WADM 2		$0.5\mu_p$	σ_p^2
B-WADM 3		$2\mu_p$	σ_p^2
B-WADM 4		$1.5\mu_p$	σ_p^2

① 参数 α_0,α_1 和 β 的先验分布为正态概率分布,σ^{-2} 的先验分布为伽马概率分布。
② μ_p 代表采用应力松弛案例及 WADM 得到的参数估计结果(见文献[17]的 Table I)。此外,考虑到参数 β 代表的是时间尺度变换函数的指数,即描述性能退化量变化轨迹的形状,因此在不同的 B-WADM 中,其取值变化不应该差异过大。
③ 根据文献[17],在应力松弛案例中,先验分布的方差 σ_p^2 皆取 0.01

为了模拟不同样品数量下的 ADT 场景,我们将图 7.2 中,每个应力水平下的样品都编号为 1~6,然后从中随机抽取 n 个样品($n=2,3,4,5,6$)。因此,在样品数量为 n 的情况下,就会有 C_6^n 种不同的样品组合,如 $n=2$ 时,有 $C_6^2=15$ 种不同的样品组合,即编号为 1&2,1&3,$\cdots$,5&6 共 15 种组合这些情况。详情见表 7.4。

表 7.4　不同样品数量下样品组合简介(应力松弛案例)

样品数量	样品组合数量	样品组合
2	$C_6^2=15$	1&2,1&3,$\cdots$,5&6
3	$C_6^3=20$	1&2&3,1&2&4,$\cdots$,4&5&6
4	$C_6^4=15$	1&2&3&4,$\cdots$,3&4&5&6
5	$C_6^5=6$	1&2&3&4&5,$\cdots$,2&3&4&5&6
6	$C_6^6=1$	1&2&3&4&5&6

采用上述提到的六种模型(UADM、WADM 以及 B-WADM 1~4),在 $C_6^2+C_6^3+C_6^4+C_6^5+C_6^6=57$ 种情况下,分别进行参数估计,为了简化表示且不失一般性,对于 UADM 和 WADM,将所有样品数量下参数估计均值作为最终参数估计,而对于 B-WADM 1~4,则将所有样品数量下参数后验分布期望均值作为最终参数估计,见表 7.5。

表 7.5　不同参数估计结果(应力松弛案例)

模　　型	参数估计方法	α_0	α_1	σ	β
UADM	参数估计均值	-2.03	1.86	-0.15	0.46
WADM	参数估计均值	-2.28	2.01	0.46	0.46
B-WADM 1	先验分布期望	-2.28	2.00	0.45	0.47
B-WADM 1	后验分布期望均值	-2.31	1.98	0.46	0.48
B-WADM 2	先验分布期望	-1.14	1.00	0.23	0.40
B-WADM 2	后验分布期望均值	-1.20	1.05	0.56	0.44
B-WADM 3	先验分布期望	-4.56	4.00	0.91	0.60
B-WADM 3	后验分布期望均值	-4.46	4.05	0.58	0.40
B-WADM 4	先验分布期望	-3.42	3.00	0.68	0.55
B-WADM 4	后验分布期望均值	-3.39	2.98	0.48	0.49

从表7.5可以看出，B-WADM 1~4的参数后验分布期望均值都在先验分布期望附近。在贝叶斯理论中，估计后验分布的信息主要来源于两部分：先验信息和试验信息。由于应力松弛的CSADT中存在小样本导致的认知不确定性问题，导致试验提供的信息十分有限，这导致参数后验分布的确定主要依赖于先验分布。这由表7.3和表7.5中的结果对比也可以看出。表7.3中的μ_p是仅采用应力松弛数据基于WADM得到的参数估计结果，代表了试验信息。而表7.5中的B-WADM 2~4的后验分布期望均值，则明显与μ_p差异较大与同先验分布期望十分接近，这说明试验信息对参数估计结果的影响十分小。换句话说，客观的试验数据在所谓的"试验评估"中的重要性不复存在了，若试验中存在小样本问题，则采用这类建模和评价方法的话，这类试验都失去了开展的必要，而这显然与我们的直观认知相悖。因此在接下来的分析比较中，我们仅采用UADM、WADM和B-WADM 1得到的可靠性评估结果。

在样品数量为n的情况下，根据表7.4可知采用UADM、WADM和B-WADM 1中任意一个模型，都可得到C_6^n组可靠度评估结果，由此计算各模型获得的可靠度评估结果上下限：

$$可靠度评估结果下限：R_n^L(t) = \min\{R_n^z(t)\}$$
$$可靠度评估结果上限：R_n^U(t) = \max\{R_n^z(t)\} \tag{7.30}$$

式中：$z = 1, 2, \cdots, C_6^n$；$R_n^L(t)$，$R_n^z(t)$和$R_n^U(t)$分别代表样品数量为n的情况下，在t时刻的可靠度评估结果的最小值、第z个值以及最大值，其结果见图7.4。

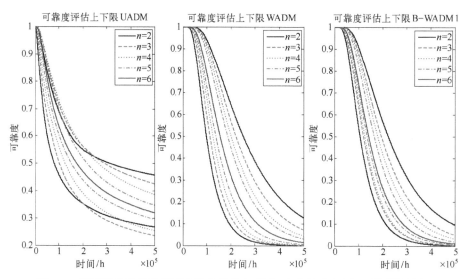

图7.4 不同样品数量下可靠度评估结果上下限（应力松弛案例）（彩图见插图）

由图 7.4 可知：

（1）UADM、WADM 和 B-WADM 得到的可靠度评估结果均是从 1 开始，随时间逐渐递减，这符合人们的直觉。

（2）可靠度评估结果上下限之间的距离，代表了评估结果的一致性。在样品数量相同时，距离越大，则表明其评估结果一致性就越差。从图 7.4 可以看出，无论是 UADM 还是 WADM 和 B-WADM 1，随着样品数量的增加，其上下限之间的距离都是逐渐递减的，这说明提供更多的试验信息可以有效降低认知不确定性并提高可靠度评估结果的一致性。

为量化各模型评估结果对样品数量的敏感程度，我们定义了一个判别指标，命名为"给定可靠度下的确信可靠寿命范围"（简称 RRL），它表示在样品数量为 n 时，在给定可靠度 R 下，可靠度评估结果上限曲线中对应的确信可靠寿命 $t_n^U(R)$ 与可靠度评估结果下限曲线中对应的确信可靠寿命 $t_n^L(R)$ 之差，其计算公式如下：

$$\mathrm{RRL}_n(R) = t_n^U(R) - t_n^L(R) \quad (n = 2,3,4,5,6; 若 n = 6, \mathrm{RRL}_n(R) = 0) \quad (7.31)$$

比如，$\mathrm{RRL}_2(0.7)$ 表示在样品数量为 2 的情况下，在可靠度为 0.7 时的 RRL，见图 7.5。

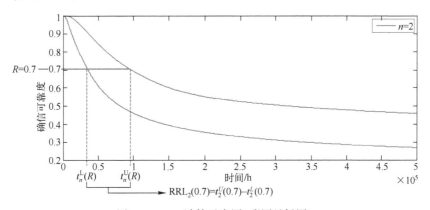

图 7.5　RRL 计算示意图（彩图见插图）

在实际应用中，人们通常关注可靠度取值较高的区域，如可靠度大于 0.8 的区域，这样才会对工程具有指导意义。根据公式（7.31），我们分别计算了 UADM、WADM 和 B-WADM 1 等三个模型在样品数量为 2,3,4,5 下的可靠度从 0.8 到 0.99 对应的 RRL，结果如图 7.6 所示。

从图 7.6 的结果可以得出：

在小样本（2~5）的大多数情况下，由 UADM 得到的 RRL 都要比由 WADM 和 B-WADM 1 得到的 RRL 要小，这说明本研究所提出的 UADM 对小样本的敏感程度要比基于概率论的 WADM 和 B-WADM 1 更低,其评估结果更加稳定。

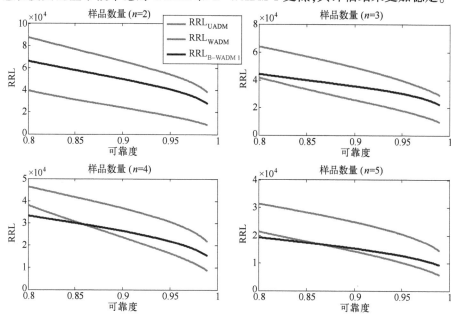

图 7.6　不同样品数量下的 RRL(应力松弛案例)(彩图见插图)

7.3.4.2　仿真案例

虽然 7.3.4.1 节的应力松弛案例中,对所建立 UADM 与样品数量的敏感程度进行了分析,但是其样品数量范围仅限于 2~6,因此为了更加深入研究所提出的 UADM 对样品数量的敏感程度,本案例在更大的样品数量范围内($n=3,5,\cdots$, 17,19)进行了仿真试验。根据 7.3.4.1 节的分析结果,WADM 和 B-WADM 1 也用在这个仿真案例中以进行比较分析。

1. 仿真设置

本仿真试验为 CSADT,其详细仿真设置见表 7.6。

表 7.6　试验案例的仿真设置

试 验 信 息	内　　容
试验控制应力类型	温度/℃
试验控制应力水平/℃	50,65,80
工作应力水平/℃	25
监测间隔/h	1000
监测次数	33,23,11

（续）

试 验 信 息	内 容
性能退化量临界值/%	40
性能退化量模型	$X(s,t)=e(s)t^{\beta}+\sigma B(t^{\beta})$
寿命-应力模型	$e(s)=\exp(\alpha_0+\alpha_0 s)$
模型参数	$\alpha_0=-5.44, \alpha_1=2.72, \sigma=0.03, \beta=0.5$
样品数量 n	$3,5,7,\cdots,17,19$
每个样品数量下仿真次数	100

2. 敏感性分析

本案例所采用模型：UADM、WADM 和 B-WADM 1，详情见表 7.7。

表 7.7 模型简介（仿真案例）

模 型	参数估计方法	先验分布	
		期望	方差
UADM	不确定统计分析（最小二乘原则）	N/A	N/A
WADM	极大似然估计	N/A	N/A
B-WADM 1	贝叶斯估计[①]	μ_p[②]	σ_p^2[③]

[①] 参数 α_0，α_1 和 β 的先验分布为正态概率分布，σ^{-2} 的先验分布为伽马概率分布。
[②] μ_p 代表的是表 7.6 的模型参数设定值。
[③] 为简化计算，在仿真案例中，先验分布的方差 σ_p^2 取 0.01

在样品数量为 n 的情况下，根据表 7.6，可知采用 UADM、WADM 和 B-WADM 1 中任意一个模型，都可以得到 100 组可靠度评估结果，由此可以根据公式(7.30)计算不同模型获得的可靠度评估结果的上下限 ($z=1,2,\cdots,100$)，其结果见图 7.7。

由图 7.7 可知：

(1) 采用 UADM、WADM 和 B-WADM 1 得到的可靠度评估结果均是从 1 开始，随时间逐渐递减，这符合人们认知。

(2) 无论是 UADM 还是 WADM 和 B-WADM 1，其可靠度评估结果的上下限之间的距离都是随着样品数量的增加而逐渐递减的，这说明提供更多的试验信息可以有效降低试验中的认知不确定性。

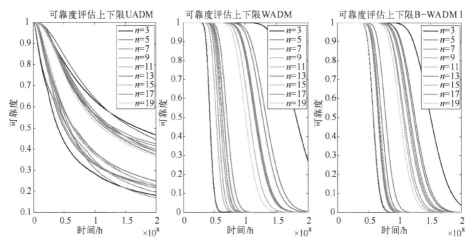

图 7.7   不同样品数量下可靠度评估结果上下限(仿真案例)(彩图见插图)

与 7.3.4.1 节相同,本案例也根据公式(7.31)分别计算了各个模型在不同样品数量下在高可靠度下(0.8 ~ 0.99)的 RRL($n = 3,5,7,\cdots,17,19$),结果见图 7.8。实际上,由于图 7.7 中的评估结果上下限是在每个样品数量 n 下仿真 100 次得到的,因此某种意义下 RRL 也可看作确信可靠寿命的置信上下限。

从图 7.8 的结果可以得出:

(1) 在该仿真案例中,在小样本情况的较大样品数量范围内($n = 3,5,7,\cdots,$ 17,19),由 UADM 得到的 RRL 比由 WADM 和 B-WADM1 得到的 RRL 小,这说明本研究提出的 UADM 对小样本的敏感程度要比基于概率论的 WADM 和 B-WADM 更低,评估结果更加稳定。

(2) 由该仿真案例结果还可看出,随着样品数量的增加,由 WADM 得到的 RRL 和由 B-WADM1 得到的 RRL 几乎相同,这说明随着样品数量的增加,由基于概率论的加速退化模型得到的可靠度评估结果与基于概率论和贝叶斯理论的加速退化模型得到的可靠度评估结果几乎相同,没有必要采用贝叶斯方法来增加计算的复杂程度。

根据上述分析的结果可知,本章所建立的不确定加速退化模型在小样本情况下相比于现有的基于概率论和贝叶斯理论的加速退化模型而言,其可靠性评估结果要更加稳定,是小样本情况下一种合适的选择。

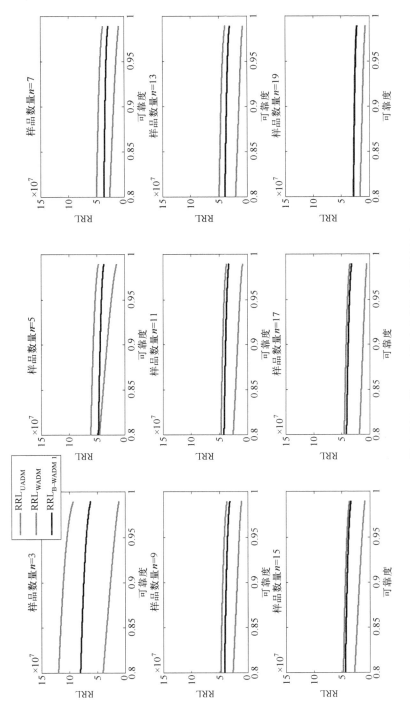

图 7.8　不同样品数量下的 RRL（仿真案例）（彩图见插图）

参考文献

[1] LIU B D.Fuzzy process,Hybrid process and uncertain process[C]//Journal of Uncertain Systems.中国智能计算大会,2007.

[2] LIU B D.Uncertainty distribution and independence of uncertain processes[J].Fuzzy Optimization & Decision Making,2014.

[3] LIU B D.Some research problems in uncertainty theory[J].Journal of Uncertain systems,2009,3(1):3-10.

[4] LIU B D.Toward uncertain finance theory[J].Journal of Uncertainty Analysis and Applications,2013,1:1-15.

[5] LI X Y,WU J P,LIU L,et al.Modeling Accelerated Degradation Data based on the Uncertain Process[J].IEEE Transactions on Fuzzy Systems,2019,27(8):1532-1542.

[6] LIU B D.Uncertainty Theory[M].Berlin:Springer,2014.

[7] B NELSON W.Accelerated Testing:Statistical Models,Test Plans and Data Analysis[M].John Wiley & Sons,2009.

[8] LIM H,YUM B J.Optimal design of accelerated degradation tests based on Wiener process model[J].Journal of Applied Statistics,2011,38(2):309-325.

[9] YE Z S,CHEN L P,TANG L C,et al.Accelerated Degradation Test Planning Using the Inverse Gaussian Process[J].IEEE Transactions on Reliability,2014,63(3):750-763.

[10] LIU B D.Extreme value theorems of uncertain process with application to insurance risk model[J].Soft Computing,2013,17(4):549-556.

[11] ZHANG Q Y,KANG R,WEN M L,Belief reliability for uncertain random systems[J].IEEE Transactions on Fuzzy Systems,2018,26(6):3605-3614.

[12] TSENG S T,WEN Z C.Step-Stress Accelerated Degradation Analysis for Highly Reliable Products[J].Journal of Quality Technology,2000,32(3):209-216.

[13] WASSERMAN S G. Reliability verification,testing,and analysis in engineering design[M].New York:CRC Press,2002.

[14] BENARD A,OS-LEVENBACH E C. Het uitzetten van waarnemingen op waarschijnlijkheids-papier1[J].Statistica Neerlandica,1953,7(3):163-173.

[15] YANG G B.Life cycle reliability engineering [M].Canada:John Wiley & Sons,2007.

[16] LIU L,LI X Y,SUN F Q,et al.A General Accelerated Degradation Model Based on the Wiener Process[J].Materials,2016,9(12):981.

[17] LIU L,LI X Y,ZIO E,et al.Model Uncertainty in Accelerated Degradation Testing Analysis[J].IEEE Transactions on Reliability,2017,66(3):603-615.

第8章

总结与展望

8.1　本书总结

确信可靠性理论是对基于概率论和统计学的经典可靠性理论的完善和发展,也是对各类考虑认知不确定性的可靠性理论的跨越。

本书的学术贡献主要体现在以下四个方面:

(1) 阐发了可靠性科学的哲学依据。本书从人的实践活动的确定性和不确定性的矛盾关系出发,认为可靠性科学始终在实现特定历史条件下的实践确定性,且这一目标是在对主体自身不确定性的克服与客观世界不确定性的抗争中达成的。这一矛盾统一体构成了可靠性科学产生与发展的哲学依据。在特定历史条件下,由于能够实现对实践确定性的把握,因而对不确定性的量化暨对可靠性的度量、分析成为可能,这也使得可靠性科学必然可以指导各类实践活动,而不仅仅是工程活动。

(2) 揭示了可靠性科学的三个基本原理,即裕量可靠原理、退化永恒原理和不确定原理。裕量可靠原理指明用性能裕量表征的客体功能可行域,退化永恒原理指明客体性能退化的一般规律,不确定原理指明基于客体性能裕量的不确定量化途径。这三个基本原理的普遍性可以为构建新的完整的可靠性科学理论话语奠定基础。

(3) 提出了可靠性度量的合法性准则,即规范性准则、慢衰性准则、可控性准则和融合性准则,为各类可靠性度量提供一套基本的约束条件。

(4) 构建了确信可靠性度量框架。即基于概率测度、不确定测度和机会测度构建了确信可靠性度量体系。在这个体系中,概率测度成为可靠性度量的一种理想范型,不确定测度和机会测度则是更一般的情况。

(5) 在确信可靠性度量框架下给出了确信可靠性的基本方法。主要包括确信可靠分布的获取方法、单元和系统确信可靠性建模与分析方法、确信可靠性设计优化方法以及在加速退化试验中的应用方法。上述方法及其实践案例表明,确信可靠性理论可以为可靠性科学的深入发展奠定一个良好的理论基础。

8.2 发展展望

需要特别指出的是,本书仅仅构建了一个可能的可靠性科学的理论框架,真正完成可靠性科学大厦的建设还需要可靠性科学共同体的持续努力。在确信可靠性理论与方法的进一步发展中,下面几个方面应当是重点关注的方向:

(1)不确定分布的获取方法。概率可靠性测度中,通过获取故障时间数据来达成获取故障(寿命)概率分布的目的。而确信可靠性理论面对的是各种非理想范型,因此如何在有限的客观信息(证据)基础上,结合主观判断给出确信可靠分布——特别是不确定分布——的动态表征,是亟待深入研究的一个问题。

(2)性能裕量的跨领域表达。在确信可靠性理论中,性能裕量的高低是客体正常或故障的判据,因此对性能裕量的表征至关重要。目前对于不同客体,性能裕量的表征都不尽相同,因此如何对每一类客体的性能裕量都采用相对简单、统一的表征方式,是需要进一步研究的问题。另外,对同一类客体,性能裕量方程的完整性寻求也是需要探讨的课题。

(3)各种确信可靠性分析方法。在单元层次的确信可靠性建模与分析问题中,本书仅给出了两种可行的方法。在后续研究中,需要在性能裕量的基础上,更充分地考虑参数、模型及性能阈值的不确定性,并提出相应的不确定性建模与分析方法。在系统层次的可靠性建模与分析问题中,本书仅针对可靠性逻辑方法论给出了两类计算方法,如何考虑逻辑模型的不确定性,开展复杂系统的确信可靠性分析,是亟待解决的问题。另外,如何利用跨尺度的性能裕量模型及不确定性量化直接实现系统确信可靠度的计算,也是需要进一步研究的重要问题。

(4)确信可靠性设计优化模型研究。本书在确信可靠性设计优化模型的构建上只针对综合保障系统进行了初步的学术探索,但是确信可靠性设计优化方法的内涵远不止这些。在未来,如何在确信可靠性分析方法的基础上,从性能裕量的角度开展产品设计优化、不确定随机系统的冗余设计优化、多学科设计优化,并构建相应的设计优化模型,都是重要的研究方向。

(5)确信可靠性理论的应用研究。在基于确信可靠性理论的加速退化试验建模与评估中,本书仅讨论了一种最简单的情况,即只考虑了时间维度上检测次数不足导致的认知不确定性。如何在加速退化试验中考虑时间维度、试验样品维度和应力维度三方面的固有和认知不确定性,建立相应的不确定加速退化模型,并应用于实际的试验建模与分析,是确信可靠性理论应用研究的重点。另外,还需要探索确信可靠性理论在其他方面的应用,例如维修建模与优化、风险分析与控制等。

　　总之,确信可靠性理论需要快速的理论研究和丰富的应用实践,才能为可靠性科学大厦的构建贡献更大的力量。

内容简介

　　本书从建构可靠性科学的角度,总结回顾了可靠性科学的发展历程,阐述了可靠性科学面临的认知不确定性的挑战,辩证分析了可靠性科学共同体为应对这一挑战而开展的各种有益探索和存在的问题。为了更好地解决这些问题,本书基于与概率论平行的一门数学理论——不确定理论,建立了满足可靠性实践诉求的可靠性新理论——确信可靠性理论。

　　本书的主要内容包括:可靠性科学的哲学依据,即人的实践活动的确定性和不确定性矛盾统一体为可靠性科学的产生和发展提供了可能;可靠性科学的三个基本原理,即裕量可靠原理、退化永恒原理和不确定原理;可靠性度量的合法性准则,即规范性准则、慢衰性准则、可控性准则和融合性准则;满足可靠性度量准则的确信可靠性度量框架,及其基于概率测度、不确定测度和机会测度的不同理论阐述;确信可靠性的基本方法,主要包括确信可靠分布的获取方法、单元和系统确信可靠性建模与分析方法、确信可靠性设计优化方法以及在加速退化试验中的应用方法。

　　本书可作为普通高等院校硕士、博士研究生学习和研究可靠性科学方法的理论参考,也可供广大工程技术人员在可靠性实践中应用参考。

From the perspective of constructing reliability science, this book reviews the history of reliability science, expounds the challenges of epistemic uncertainty and dialectically analyzes a variety of useful explorations given by the reliability science community and their existing problems. To better solve these problems, this book uses uncertainty theory, which is a mathematical theory parallel to probability theory, to establish a new reliability theory that satisfies the reliability practice requirements. This new reliability theory is called *Belief Reliability Theory*.

The main contents of this book are as follows. First, the book introduces the philosophical basis of reliability science, that is, the contradictory unity of certainty and uncertainty of human practical activities provides the possibility of the generation and development of reliability science. Second, the book provides three basic principles of reliability science, namely the eternal degradation principle, the margin-based reliability principle and the uncertainty principle. Third, the criteria of the validity of reliability metrics are proposed, i. e., the normality criteria, the slow decrease criteria, the controllability criteria and the integration criteria. Fourth, this book puts forward a belief reliability theory framework which satisfies the criteria of reliability metric and its different theoretical explanations based on probability measure, uncertain measure and chance measure. Fifth, the basic methods of belief reliability are provided, including the determination methods of belief reliable distribution, the belief reliability analysis methods for components and systems, the belief reliability design and optimization methods and the application methods for accelerated degradation testing.

This book can be used as a theoretical reference for master and PhD students in colleges and universities to study reliability science. Moreover, it can also be used as an application reference for engineers and technicians in reliability practice.

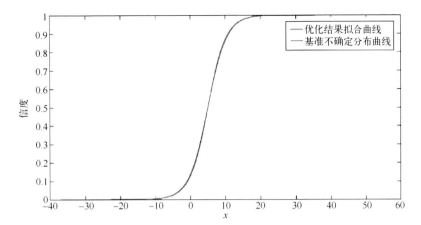

图 3.3　优化结果拟合曲线和基准不确定分布曲线

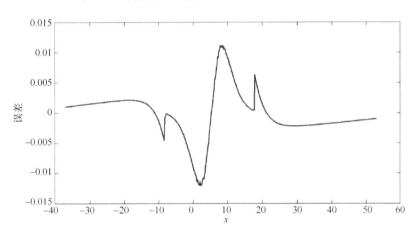

图 3.4　优化结果拟合曲线和基准不确定分布曲线之间的误差

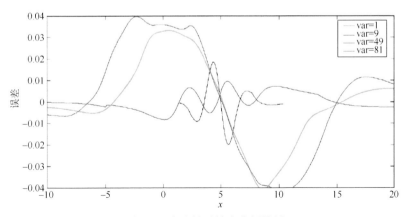

图 3.5　方差的灵敏度分析结果

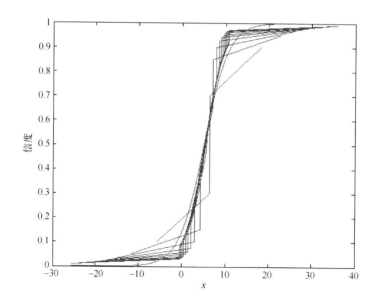

图 3.6　优化结果拟合曲线与基准不确定分布曲线的对比图($N=5:5:50$)

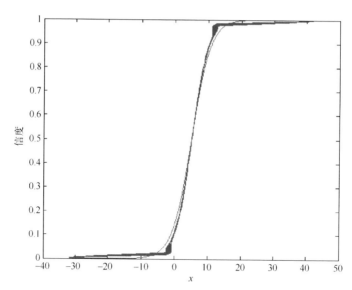

图 3.7　优化结果拟合曲线与基准不确定分布曲线的对比图($N=55:5:100$)

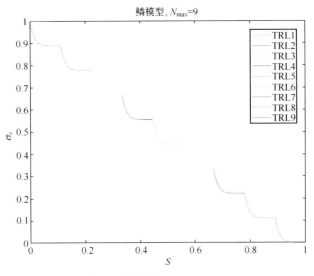

图 4.6　鳞模型(Squama Model)

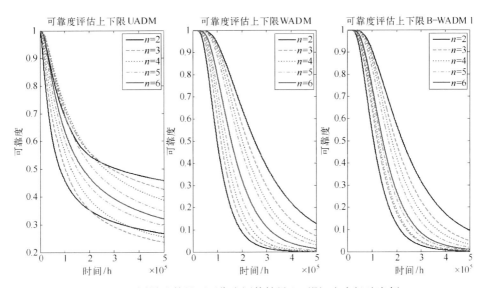

图 7.4　不同样品数量下可靠度评估结果上下限(应力松弛案例)

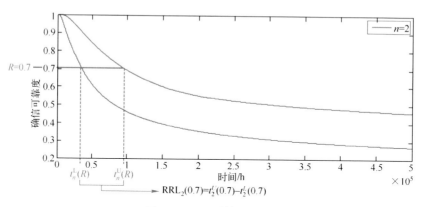

图 7.5 RRL 计算示意图

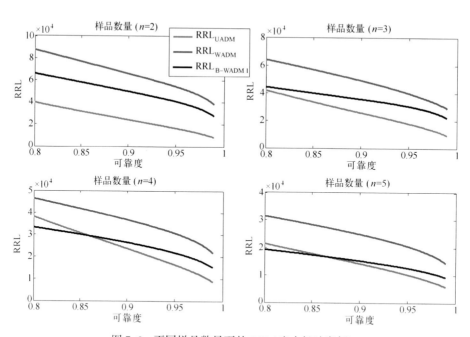

图 7.6 不同样品数量下的 RRL(应力松弛案例)

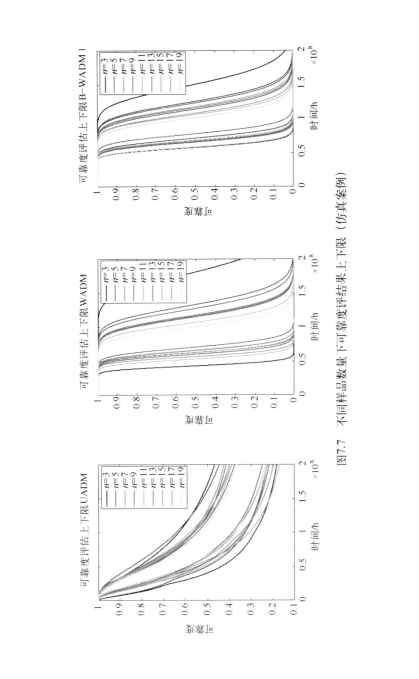

图7.7 不同样品数量下可靠度评估结果上下限（仿真案例）

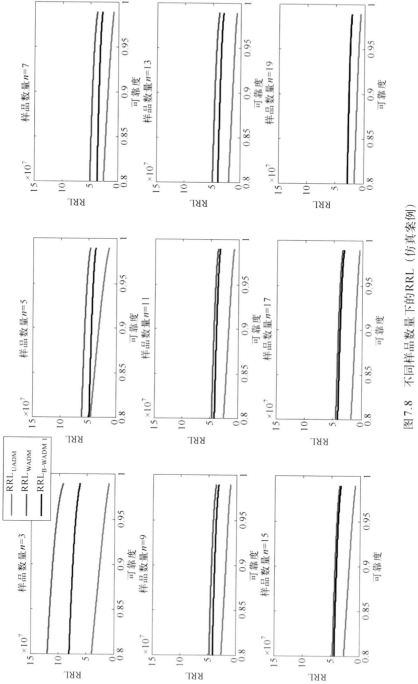

图 7.8 不同样品数量下的 RRL（仿真案例）